SHENZHEN KUNPENG TRAIL

鲲鹏径

深圳浪漫地理的探索与发现

Exploration and Discovery of Romantic Geography in Shenzhen

南兆旭 蔡漫/著

深圳出版集团
深圳出版社

观看纪录片

《我和鲲鹏径》

谨此
献给深圳
这个城市是如此年轻
又如此浪漫

Dedicated to Shenzhen, a city so young,
yet so romantic.

鲲鹏径，是一条东西走向、横贯深圳的远足径，全长200多千米，共分20段，是深圳市“三径三线”远足径体系中的主线。

绵长蜿蜒的鲲鹏径穿行在深圳的山脊上、海岸边、河湖旁，途经自然保护区、国家森林公园、国家地质公园、自然郊野公园、国际暗夜社区……所经之地，是深圳地貌最多变、景象最壮丽、生物多样性最丰富的地带，可媲美世界上最有特色的都市步道。2024年，鲲鹏径被评为“中国十大登山户外运动特色目的地”之一。

鲲鹏径，是全民共享的福利，是强健身体、抚慰心灵的行走之处，是万物流动的生态廊道，是活力之城张开双臂拥抱世界的姿态，是超大城市中的诗意浪漫之地——

鲲鹏径，是当代深圳留给未来深圳的一份礼物。

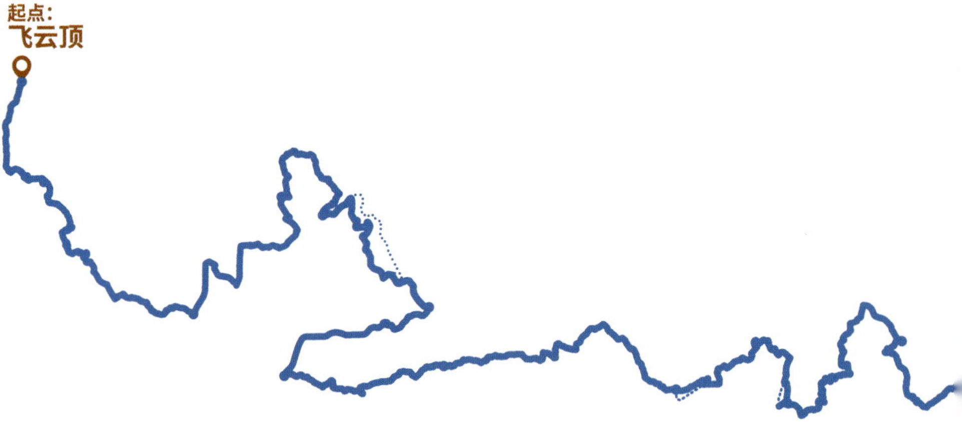

“北冥有鱼，其名为鲲。
鲲之大，不知其几千里也；
化而为鸟，其名为鹏。
鹏之背，不知其几千里也……”

——《庄子·逍遥游》

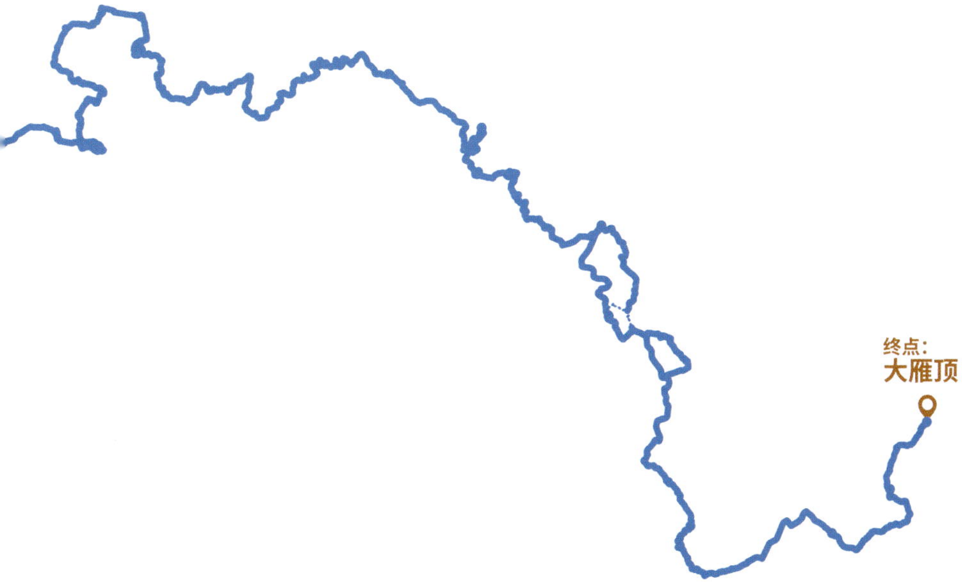

KUN PEN
鲲鹏径

G TRAIL
怎能不让人动心
如此浪漫的深圳

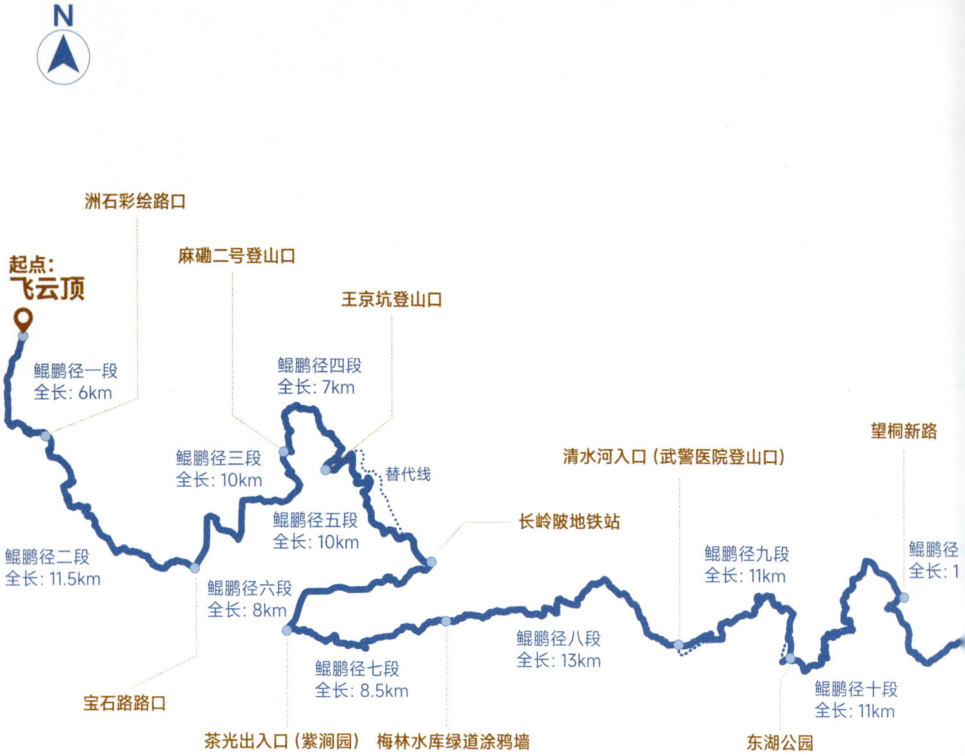

鲲鹏径段落	难度系数	起点	终点
鲲鹏径一段	★★★	凤凰山飞云顶	洲石彩绘路口
鲲鹏径二段	★★	洲石彩绘路口	宝石路路口
鲲鹏径三段	★	宝石路路口	麻磡二号登山口
鲲鹏径四段	★★★	麻磡二号登山口	王京坑登山口
鲲鹏径五段	★★	王京坑登山口	长岭陂地铁站
鲲鹏径六段	★	长岭陂地铁站	茶光出入口（紫涧园）
鲲鹏径七段	★★★	茶光出入口（紫涧园）	梅林水库绿道涂鸦墙
鲲鹏径八段	★★★★	梅林水库绿道涂鸦墙	清水河入口（武警医院登山口）
鲲鹏径九段	★★	清水河入口（武警医院登山口）	东湖公园
鲲鹏径十段	★	东湖公园	望桐新路
鲲鹏径十一段	★★★★★	望桐新路	谭仙公庙
鲲鹏径十二段	★★★★★	谭仙公庙	马峦山西北门

KUNPENG TRAIL
鲲鹏径路线图

鲲鹏径段落	难度系数	起点	终点
鲲鹏径十三段	★★★	马峦山西北门	罗氏大屋
鲲鹏径十四段	★★★★	罗氏大屋	犁壁山（坪山 45 号界碑分段点）
鲲鹏径十五段	★★★	犁壁山（坪山 45 号界碑分段点）	葵涌生态公园
鲲鹏径十六段	★★★	葵涌生态公园	金沙大道
鲲鹏径十七段	★★★★	金沙大道	鹅公村
鲲鹏径十八段	★★★	鹅公村	西涌旅游度假区
鲲鹏径十九段	★★★★★	西涌旅游度假区	东涌社区
鲲鹏径二十段	★★★★	东涌社区	七娘山大雁顶

鲲鹏径所经主要地标与景观

主要山峰

凤凰山、阳台山、塘朗山、梅林山、银湖山、梧桐山、梅沙尖、嶂顶、打鼓嶂、马峦山、犁壁山、观音山、插旗山、大雁顶……

大型湖库

铁岗水库、西丽水库、长岭陂水库、梅林水库、深圳水库、三洲田水库、大水坑水库、红花岭上库、红花岭下库、上洞坳水库、枫木浪水库、东涌水库……

自然郊野公园

凤凰山森林公园、铁岗石岩湿地公园、尖岗山公园、西丽水库郊野公园、阳台山森林公园、第二植物园、寄山公园、塘朗山郊野公园、东湖公园、梅林山公园、银湖山公园、布心山公园、仙湖植物园、梧桐山风景名胜区、马峦山郊野公园、东西涌海岸公园、广东梧桐山国家级森林公园、三洲田森林公园、鹅公湾湿地公园、园山风景区、大鹏半岛国家地质公园……

主要河流

九围河、西乡河、丽水河、白芒河、麻磡河、大沙河、布吉河、沙湾河、梧桐山河、简龙河、碧岭水（坪山河）、红花岭水、葵涌河、乌泥河、南澳河、西涌河、东涌河……

历史人文地

凤岩古庙、铁岗水库大坝、麻磡古村、祝三多炮楼、屋背岭古遗址、罗氏大屋、咸头岭新石器时代遗址、水头烟墩、南澳墟镇、鹅公村、西贡村、鹤薮村、东涌天后宫、二线公路、红岗东村侵华日军军事设施遗址、老围村、东纵司令部旧址……

城市观景点

凤凰山飞云顶、凤凰山望烟楼、凤凰山凤鸣亭、凤凰山求雨坛、铁岗水库观景点、大阳台山顶观景点、塘朗山红花岭、塘朗山极目阁、云海驿观景点、银湖山铜鼓钮、梧桐山大梧桐观景点、梅沙尖观景点、梧桐山十里杜鹃观海亭、梧桐山小梧桐观景点、打鼓嶂观景点、马峦山梅亭、犁壁山南侧山体观景点、沙鱼涌观景点、观音山南侧观景点、水头烟墩观景点、天文台观景点、大雁顶观景点、鹿嘴悬崖观景点……

目录 CONTENTS

KUN PENG TRAIL

鲲鹏径
三段 112

鲲鹏径
四段 124

鲲鹏径
五段 140

鲲鹏径
六段 148

KUN PE

鲲鹏径

NG
TRAIL

深圳浪漫地理的
探索与发现

Exploration and Discovery
of Romantic Geography
in Shenzhen

一条步道的
行走笔记

KUN PENG TRAIL
鲲鹏径

行走的鲲鹏径

WALKING

我们为什么要行走？是为了锻炼体魄；是为了舒缓身心；是为了登高望远，欣赏美景；是为了逃避喧嚣，寻求宁静；是为了寻古探幽，研习自然；是为了健身，为了交友……有一万个行走者，就有一万个理由。但对深圳人来说，有一点是共同的：行走在山海连城中的步道，让我们从一个新的维度审视我们生活的城市，也给了我们一个机会——建立自己与这个城市之间浪漫的关联。

——鲲鹏径行走笔记

Why do we walk? Is it for physical exercise, or to soothe our minds and bodies? Perhaps it's to climb high for breathtaking views, to escape the urban clamor and find serenity. Or to delve into ancient trails, study nature, pursue fitness, or simply to connect with others. Indeed, for every walker, the motivations are myriad. Yet, for those of us in Shenzhen, a common thread unites our steps. Traversing the city's unique mountain-and-sea trails provides an invaluable opportunity to gain a fresh perspective on our urban home. More profoundly, it allows us to forge a deeper, more romantic connection with this extraordinary city.

Kunpeng Trail Walking Notes

鲲鹏径四段

行走的鲲鹏径

WALKING KUNPENG TRAIL

鲲鹏径十三段

鲲鹏径十二段

鲲鹏径一段

鲲鹏径四

鲲鹏径十三段

鲲鹏径九段

鲲鹏径六段

鲲鹏径十四段

鲲鹏径七段

鲲鹏径十段

微笑的鲲鹏径

SMILE

在这个繁华、忙碌、务实的超级都市里，浪漫地理的探索与发现，是对自然能量的敬畏，对庸常生活的超越；是对人性中伟岸与卑微、幸福与悲苦的认知；是生命力爆发的热忱；是蕴藏在心底原初的天性；是深圳人——对诗意生活的信仰。

——鲲鹏径行走笔记

In this bustling, fast-paced, and pragmatic super metropolis, the exploration and discovery of romantic geography represent a reverence for the energy of nature and a transcendence of mundane life. It is an understanding of the grandeur and humility, joy and sorrow within human nature; a fervor of life's vitality; the primal instinct hidden deep in the heart; and the faith of Shenzhen people in a poetic existence.

Kunpeng Trail Walking Notes

鲲鹏径十一段

微笑的鲲鹏径

SMILE

KUN PENG TRAIL

鲲鹏径十九段

鲲鹏径四段

鲲鹏径四段

鲲鹏径二段

鲲鹏径八段

鲲鹏径十五段

鲲鹏径八段

鲲鹏径一段

鲲鹏径二段

鲲鹏径十九段

鲲鹏径四段

KUN PENG TRAIL

鲲鹏径

山海间的鲲鹏径

MOUNTAINS & SEA

鲲鹏径，给了我们一个在都市与荒野之间切换的通道。犹如《桃花源记》中那个“山有小口，仿佛若有光”的小路，引领我们走进别有洞天的自然生境，走进可以陶冶身心的“桃花源”——这样的“桃花源”和深圳人是如此接近，已经和都市融为一体，成为这个城市的一部分。

鲲鹏径，用宏阔而多变的景象，用沉默而蕴意深长的宁静，用缤纷多样却环环相扣的平衡，用傲然独立却和蔼可亲的野性，用孩童般、牧歌式的愉悦，用简朴而自然流淌的欢欣，用一切的可能，滋养着都市里的深圳人。

——鲲鹏径行走笔记

Kunpeng Trail offers us a passage between the city and the wilderness. Like the narrow path in *The Peach Blossom Spring*—"a small opening in the mountain, faintly glowing as if with light"—it leads us into a hidden natural sanctuary, a "peach blossom land" that nurtures both body and soul. Such a "peach blossom land" feels intimately close to Shenzhen people, seamlessly blending into the urban fabric and becoming an integral part of the city.

With its vast and ever-changing landscapes, its profound and contemplative silence, its intricate yet harmonious balance, its untamed yet welcoming wildness, its childlike, pastoral joy, and its simple, freely flowing delight—Kunpeng Trail nourishes Shenzhen people in every possible way.

Kunpeng Trail Walking Notes

鲲鹏径七段

山海间的鲲鹏径

MOUNTAINS & SEA KUNPENG TRAIL

鲲鹏径四

鲲鹏径八

鲲鹏径十九段

鲲鹏径九段

鲲鹏径二十段

鲲鹏径八段

鲲鹏径十八段

鲲鹏径十二段

鲲鹏径十一段

鲲鹏径十四段

鲲鹏径七段

打卡的鲲鹏径

CLOCK IN

直立行走和奔跑让人类演化出了发达的大脑，行走中对方向的认知让人类不断拓展疆域——行走是人类在漫长年代里演化出来的基本技能。

所以，对我们平常人来说，不用让行走携带复杂的意义。

穿一双合适的鞋，选择一条适合体能的路线，不竞技，不挑战，累了就歇，饿了就吃，平平安安结束行程，就是最好的行走。

是的，只要走，总能到达你的远方。

——鲲鹏径行走笔记

Walking upright and running drove the evolution of the human brain, while the spatial awareness gained through walking allowed humans to continuously expand their territories—walking is a fundamental skill honed over millennia.

So, for ordinary people, there's no need to burden walking with complex meanings.

Wear comfortable shoes, choose a route that matches your stamina, avoid competition or unnecessary challenges, rest when tired, eat when hungry, and return home safely—that's the best way to walk.

Yes, as long as you keep walking, you'll always reach your distant horizon.

Kunpeng Trail Walking Notes

鲲鹏径一段

打卡的 CLOCK IN 鲲鹏径

KUNPENG TRAIL

鲲鹏径十段

鲲鹏径十一段

鲲鹏径一段

鲲鹏径七段

鲲鹏径四段

鲲鹏径七段

鲲鹏径四段

鲲鹏径二段

鲲鹏径二十段

鲲鹏径一段

鲲鹏径十一段

四季轮回的鲲鹏径

THE SEASONS

每一位在鲲鹏径的行走者，都是这个都市浪漫景象的探索者和发现者。四季流变、昼夜更替中，多样的物候之美，浸透我们的日常。

发现与欣赏应时而动的物候之美，是对自然能量的倾慕，是对庸常生活的超越，是对伟岸与卑微、幸福与悲苦的认知，是蕴藏在心底的天性，是生命中原初的热忱，是深圳人诗意生活的一部分。

——鲲鹏径行走笔记

Every walker on Kunpeng Trail is an explorer and discoverer of this city's romantic landscape. Through the shifting seasons and the cycle of day and night, the diverse beauty of phenology permeates our daily lives.

To discover and appreciate the ever-changing wonders of nature is to revere its energy, to transcend the mundane, to recognize the grandeur and fragility, joy and sorrow within existence—it is an instinct buried deep in the heart, a primal passion of life, and part of Shenzhen's poetic way of living.

Kunpeng Trail Walking Notes

鲲鹏径十二段
春季润楠的红叶

四季轮回的鲲鹏径

THE SEASONS KUNPENG TRAIL

鲲鹏径二段
秋季橙红的杉林栈道

鲲鹏径十四段
秋日的马峦山红叶

鲲鹏径十一段
冬季梧桐山顶的冰挂

鲲鹏径十二段
冬日开放的吊钟花

鲲鹏径二十段
夏季云雾缭绕的七娘山

鲲鹏径八段
夏季盛开的木荷

鲲鹏径十一段
春季盛开在梧桐山的毛棉杜鹃

鲲鹏径十三段
夏季的碧岭瀑布

鲲鹏径十九段
夏季的英仙座流星雨

鲲鹏径三段
夏季盛开的向日葵

生灵万物的鲲鹏径

ALL LIVING CREATURES

在鲲鹏径沿途，记录到的生命物种，已超过1万种。

鲲鹏径为深圳贯通了一条生态廊道，为生命的迁徙、流动、繁衍留出了一条通道，修补破碎的生境，保护生物多样性，让深圳的生命家族更丰盛和更有活力。

鲲鹏径，是深圳万物共生共享的生态廊道。

——鲲鹏径行走笔记

Along Kunpeng Trail, over 10,000 species of life have been recorded.

The trail serves as an ecological corridor for Shenzhen, providing a passage for the migration, movement, and reproduction of species. It helps repair fragmented habitats, protect biodiversity, and enrich the city's community of life with greater vitality.

Kunpeng Trail is Shenzhen's shared ecological corridor, where all living beings coexist in harmony.

Kunpeng Trail Walking Notes

华艳色蟌

生灵万物的鲲鹏径

ALL LIVING CREATURES KUNPENG TRAIL

猕猴

普通翠鸟

裳凤蝶

三斑阳鼻蟌

深圳巨腹蟹

豹猫

华南雨蛙

荔枝

深圳近管蛛

紫纹兜兰

倭蜂猴

红盖小皮伞

乌桕大蚕蛾

日本条螽

KUN PENG TRAIL

鲲鹏径

都市荒野的

URBAN WILDERNESS

鲲鹏径

鲲鹏径串联起来的荒野之地，是超级都市里自然繁衍的丛林山地，是恣意生长的野草灌木，是没有被填埋建造的海岸，是自由流淌未被污染侵蚀的溪流……

都市里的荒野，是高强度城市化中的幸存之地，是自然运行的生态系统，是深圳最健康、最丰盛、最有活力、最可持续的自然遗产——为这个城市里的居住者带来巨大的福祉。

都市荒野，是深圳人身体的休憩地、心灵的庇护所，是深圳的根基支撑、定力源泉，是这个城市激荡巨变中的压舱石。

——鲲鹏径行走笔记

扫码观看《野性都市》宣传片

The wild lands connected by Kunpeng Trail are nature's thriving jungles and mountains within this super metropolis—untamed grasses and shrubs, undeveloped coastlines spared from reclamation, and streams flowing freely without pollution or erosion...

Urban wilderness is a survivor amid intense urbanization, a functioning ecosystem, and Shenzhen's healthiest, richest, most vibrant, and most sustainable natural heritage—bestowing immense well-being upon the city's inhabitants.

This urban wilderness is a sanctuary for the body and soul of Shenzhen's people, the foundation and anchor of the city, and the stabilizing force amid its relentless transformation.

Kunpeng Trail Walking Notes

鲲鹏径四段

都市荒野的鲲鹏径

URBAN WILDERNESS KUNPENG TRAIL

鲲鹏径十三段

鲲鹏径一段

鲲鹏径一段

鲲鹏径八段

鲲鹏径二十段

鲲鹏径四段

鲲鹏径七段

鲲鹏径十一段

鲲鹏径二段

鲲鹏径六段

鲲鹏径八段

鲲鹏径十一段

鲲鹏径十八段

KUN PENG TRAIL

鲲鹏径

无价之宝的鲲鹏径

PRICELESS TREASURE

鲲鹏径的“无形价值”是能够激起我们的情感，唤起我们的幸福与满足，并让我们的生活更有诗意和浪漫的城市宝藏。

就像鲲鹏径第七段塘朗山、第八段梅林山，在这片被都市包围的荒野山地里，暗绿绣眼鸟羽毛的绚丽有无形的价值；猕猴给孩子们带来的惊喜有无形的价值；风吹过枝叶的声响，野花盛开时飘散的清香，登顶后俯瞰都市的自豪欢欣……都有着无与伦比的“无形价值”。

承载着无形价值的鲲鹏径是深圳的无价之宝。

——鲲鹏径行走笔记

Kunpeng Trail's intangible value lies in its ability to stir our emotions, evoke happiness and fulfillment, and enrich our lives with poetry and romance—a hidden urban treasure.

Take Sections 7 (Tanglang Mountain) and 8 (Meilin Mountain) of the trail: within these wildlands encircled by the city, the iridescent feathers of dark-green warblers hold intangible value; the delight macaques bring to children holds intangible value; the rustle of wind through leaves, the fragrance of wildflowers in bloom, the pride and joy of overlooking the city from a summit... all possess incomparable "intangible value."

Bearing such intangible worth, Kunpeng Trail is Shenzhen's priceless gem.

Kunpeng Trail Walking Notes

鲲鹏径一号桥

无价之宝的鲲鹏径

PRICELESS TREASURE KUN PENG TRAIL

【岩鹭】
扫描二维码，观看
孤独好静的岩鹭

【匙叶茅膏菜】
扫描二维码，观看
食虫植物的逆袭

【猕猴】
扫描二维码，观看
生命之盐的传递

【禾雀花】
扫描二维码，观看
智慧与美貌的合体

【强脚树莺】
扫描二维码，聆听
强脚树莺的鸣叫

【领角鸮】
扫描二维码，聆听
领角鸮的鸣叫

【噪鹃】
扫描二维码，聆听
雄性噪鹃求偶的鸣叫

【红耳鹎】
扫描二维码，观看
红耳鹎的生命简史

【暗绿绣眼鸟】
扫描二维码，观看
我爱洗澡，羽毛好好

【报喜斑粉蝶】
扫描二维码，观看
报喜斑粉蝶“变态”的一生

【倭花鼠】
扫描二维码，观看
倭花鼠的四时与四季

【豆娘】
扫描二维码，观看
浪漫背后的真相

【铜蜓蜥】
扫描二维码，观看
手作步道上的隐士

【香港瘰螈】
扫描二维码，观看
“撩妹”的艰辛

【苔藓】
扫描二维码，观看
白日不到处，青春恰自来

【蟹蛛】
扫描二维码，观看
蜘蛛中的“螃蟹”

【花狭口蛙】
扫描二维码，聆听
花狭口蛙的鸣叫

【黄点斑蝉】
扫描二维码，聆听
黄点斑蝉的鸣叫

【橙柑片蟋】
扫描二维码，聆听
橙柑片蟋的鸣叫

KUN PE

鲲鹏径

NG

TRAIL

深圳浪漫地理的
探索与发现

Exploration and Discovery
of Romantic Geography
in Shenzhen

先行的鲲鹏径

尊重自然的鲲鹏径不是一个建造工程，200多千米长的道路多种多样，无论是穿越古老的石板路，还是漫步在滨海栈道上，抑或是在茂密的森林中拾级而上，每一步都与自然的脉动共振。这里没有大规模的人工干预，没有冰冷的钢筋水泥，取而代之的是用心设计的自然路径，它们在保持原生态的同时，也为每一位行者提供了安全、清晰的指引。

当全球城市陷入生态保护与开发建设的矛盾时，深圳通过鲲鹏径的实践给出了答案：以最小干预实现最大连接，让人成为自然生态的参与者而非征服者。这条径道不仅是一条徒步路线，更是中国新型城镇化的隐喻——在钢筋水泥的森林中，让人与土地血脉相连。

未来，或许我们将见证一场静默却深刻的文明转型：从“人类中心”走向“山海连城”。

——鲲鹏径营造笔记

◁
鲲鹏径八段上看到的城市景观。鲲鹏径在生态保护与开发间寻得平衡，让人们在徒步中感受自然脉动，成为自然生态的参与者

一条远足径的建造理念

三零原则

△
鲲鹏径十三段航拍图。葱郁山峦与城市天际线无缝衔接，错落有致的建筑在阳光下熠熠生辉，与自然绿意相互交织

鲲鹏径的建设理念突破了传统道路的桎梏，开创了一种全新的生态步道模式。每一段路径的规划与建设，以“三零原则”——硬质铺装零增长、自然环境零冲击、生命物种零伤害为建设指导，以低干扰、低介入的可持续实践，构筑起城市发展与自然演进之间的动态平衡。

硬质铺装零增长：回归自然本底的手作工法

以木石为材，以人力为工，通过渡步、导流横木、砌石阶梯等 26 种手作技法修复原有野径。

◁
修建手作木阶梯
鲲鹏径大部分路段为原生态土路，尽量采用天然物料修筑，不硬底化

自然环境零冲击：就地取材的生态步道

鲲鹏径修建前，工作人员会对周边进行生态观测；修建时，从周边的倒木、石块中就地取材，不破坏沿线的树木和植被；修建后，将持续监测人流及对周边生态环境的影响。

▷

倒木做成的木桥

它是自然的馈赠，也是人类与自然和谐共处的见证，承载着徒步者的脚步，引领人们深入山林，探寻自然的奥秘

生命物种零伤害：沿线野生动植物的调查监测

沿线进行野生动植物调查，确保路径选择不破坏珍稀动植物现状；持续监测步道、服务设施、标识系统等对野生动物的影响。

◁

微型保护点

沿线设置微型保护点，以简洁的图文传递生态保护知识，为人们了解、守护这片生态空间架起沟通的桥梁

一条步道的营造方式

虽为人造，宛如天成

在深圳这座繁华的城市里，在鲲鹏径这条 200 多千米的步道上，有一些惬意的手作步道，虽为人造，宛如天成。

什么是手作步道？简单来说，手作步道就是一条完全不动用机械、不使用水泥、不破坏生态，全部依靠双手修建而成的登山道。没有过度的建设，更没有暴力的施工；没有不合理的路面铺装，也没有过度的维护。

这些用心打造的手作步道秉持“三零原则”和“无痕山林”的理念，将传统技艺与现代生态理念巧妙结合。通过手工的方式，这些步道以极低的能耗进行建造和维护，每一段路都与自然融为一体，仿佛悄然嵌入山林之中，静静地引领着人们走向山林深处。

手作阶梯：
不是每一种台阶都会伤膝盖

爬山爱好者，都可能会面临膝盖疼痛的担忧，疼痛的原因主要有两个：不断重复的爬梯姿势和坚硬的台阶路面。试着感受一下在手作步道上的行走吧！松软的土质，会缓解踏步时的冲击力。依据地势设计的不规则阶梯，不会造成重复的抬腿姿势；每个阶梯的角度、高度，充分参照人体工程学而设计，走起来更舒适。一条利用双手修建的登山道，最终是为健康而行。

驳坎：
一条护山的腰带

为鲲鹏径边坡设计一段砌石驳坎，是维护一座山挺拔“腰身”的一种方式。

这条腰带必须“结实”一些，多选择形状合适的石块，自下而上堆叠而成。还得注意放置的角度，尽可能角度互补、相互契合。用锤子压实打稳，可以有效防止泥土滑坡。

“腰带”也会松，需要定期修整。

过渠木桥：
一棵倒木带来的善意

在倒木的底部进行开凿，可以更安全牢固地与水渠的周边墙体契合。过渠木桥结构简单，方便维护，而且就地取材，不再新增水泥，既可以为我们明晰线路，还能让通行更便捷。

冲蚀沟修复：抹平“泪痕”

冲蚀沟的土壤沙化，缺乏营养，如同一张漂亮的脸上有了泪痕，也像一排健康的牙齿有了虫洞。

修复冲蚀沟的方式并不复杂，只要石头就可以。先判断冲蚀沟的宽度与深度，埋入体积相当的石块，将各石块角度嵌合，可以有效地阻挡水流对土壤的冲刷。如果周边环境中没有可以利用的石头，也可以横向打入一组木桩，减缓水流的速度。

一场大雨过后，这片土地就会慢慢地长出草木了。

纵向明沟：
疏水更养草木

山脚下的鲲鹏径有些原本是荔枝果场的小道，路面相对平缓。雨水从上边坡渗出，如果不作引导，便会流向路面，形成淤泥，逐渐破坏路面土壤。

解决缓坡排水的做法：沿上边坡开挖出一条浅沟，深度略低于路面 10 厘米，将石块作为沟渠与路面的分界线和保护线，引导雨水在沟渠内汇集、下渗。经过疏导，雨水对于路面的破坏就转变成了对土地的滋养。看到了吗？鲲鹏径步道脚旁的纵向明沟中，已经有新生的植物在抽芽。

横向U形渠：
雨后也清爽

在雨水充沛的深圳，越是陡峭的自然步道，越有可能因地表水流而产生冲蚀，破坏路面。

横向 U 形渠一般布设在步道上低洼且容易积水的地方，用于收集和疏导来自上边坡的水流。设置横向 U 形渠，首先应判断水流汇集点，横向开挖，略微向下坡倾斜。挖出渠道后，于两侧放置石块，夯实石块缝隙间的土壤。石块的体积越大，石渠便越稳固。

路面平整：
珍惜一座山的素颜

路面平整是手作步道最基础的工作，主要解决以下几个问题：①积水。寻找坑洼处，用碎石和土壤回填，保证雨天顺畅行走。②打滑。梳理与移除容易打滑的石块。③道路不清。当野草完全遮盖住道路时，进行最低程度的修剪，使线路可见，避免迷路。

砌石路缘：
青石伴你寻踪

茂密的荔枝林里，小路纵横，若不是当地果农，外人非常容易走错。脚下的路缘，利用周边石块修建，可以引导我们更安全、快捷地在林中穿行，避免迷路，也能减少行人对其他区域的踩踏。

休憩石凳：
自然而然的自在

鲲鹏径上的休息凳与小桌，所有材料都是就地取材。想要找到体积合适、表面平整的石头并不容易，步道上最大的石块超过 200 公斤，用了 5 个小时才搬到合适点位。像这样的休憩点要结合日照、植被郁闭度与人流量，来设计石凳摆放的位置与数量。

拉绳：
绳结之中有一份用心

保留自然坡面可以更好地感知郊野径的原始野趣，双结式拉绳法可以让人保持身体平衡；绿色的绳子与自然更和谐；定期维护，根据树的长势调整绳结的长度，在确保安全的同时，也不影响大树的成长。

简约而不简单。鲲鹏径上的手作步道是设计师们经过全面调查，根据实地情况，综合考虑地形地势、路面排水、边坡维护等要素，用自然的工法，负责任地进行设计、创造，再科学地进行修建，并定期进行维护、修缮。

一条步道的导航

步道标识指引

鲲鹏径不仅致力于物质层面的环境友好，更在精神层面强调人与自然的深度共鸣。沿途设置的标识系统、地图手册和线上导览，不仅为你的旅途提供指引，更引导你去发现每一片风景背后的故事。

每一段路程都是一次与自然的对话，每一个观景点都是一个新的视角，展现着一个与众不同的深圳——从巍峨的山峰到宁静的海湾，从茂密的森林到广阔的湿地，每一步都是自然的馈赠。

对于初次踏足鲲鹏径的朋友，在不熟悉路线的情况下，这些沿途的标识，可以帮助你更从容地应对徒步时遇到的问题。

起终点标识

鲲鹏径起点标识在凤凰山飞云顶，终点标识在七娘山大雁顶最高点。它们是我们行走鲲鹏径开始和结束的最好证明。如果你挑战鲲鹏径的全程，记得跟它们合影打卡。

导览牌

在鲲鹏径每段的起终点或登山口，通常会设置有导览牌。导览牌上会展示该区域的远足郊野径地图以及徒步相关信息。通过导览牌上的地图，我们可以更清晰地了解即将踏上的路线，包括线路走向、洗手间位置、下撤点等信息。除此之外，在地图旁边，通常还会有文字介绍线路的长度、爬升、大概的用时，徒步时的注意事项等。所以建议大家在徒步时，花几分钟了解一下导览牌上的信息，也可以拍一张照片，方便在徒步过程中随时查找所需信息。

分段指示牌

鲲鹏径一共分为 20 段，段与段之间会设置一个分段指示牌，它是每段起点和终点的标志。分段指示牌不仅标识了上一段和下一段的起终点地名和距离信息，还会有 2 幅地图，分别展示上一段和下一段的路线。通过分段指示牌，我们可以快速了解即将行进路段的基本信息，让我们提前有所准备。

方向指示牌

鲲鹏径上最重要的标识是方向指示牌，它通常设置在岔路口，为徒步者指明方向，以及到达目的地的距离和预估时间。在每个鲲鹏径沿途的方向指示牌上，都有 2 个特殊的叶片，它们分别指向每段的起点和终点。以鲲鹏径第七段的方向指示牌为例，这 2 个叶片分别指向鲲鹏径第七段的起点茶光出入口（紫涧园）和终点梅林水库绿道涂鸦墙，指示牌上不仅标明了距离，还提供了徒步预估时长，这个时长是利用长度、爬升和下降等数据综合计算得出，通常设定较为宽松，以确保大部分人能够在指示牌标注的时间之内到达目的地。指示牌上其他的叶片，则指向该区域其他景点或者出入口。在一些重要路口，指示牌上还会配备一块小地图。

标距柱

标距柱也是鲲鹏径上比较重要的标识，从起点凤凰山飞云顶到终点大雁顶，每隔约 500 米就会设立一个标距柱，每个标距柱都有一个唯一的编号。标距柱的编号中，Y 代表远足径，深圳三径三线所有线路上的标距柱都以 Y 开头。K 代表鲲鹏径，YK110 就代表深圳远足径鲲鹏径的第 110 个标距柱，这里距离起点飞云顶大约有 55 千米。

另外，我们还能看到另一种没有编号的标距柱，这种标距柱设置在有编号的 2 个标距柱之间，上面有每段起终点的距离。

通过标距柱，即便在没有网络的情况下，我们也能准确获取自己所处的位置，判断离终点的距离，这对于户外新手来说是非常友好的设计。当你在鲲鹏径徒步时，如需求助，可以将你最近的标距柱编号告诉救援人员，他们可以依据这个编号，快速定位到你。

路引飘带

在鲲鹏径上，这样的黄色路引飘带是非常简单有效的指引工具。这些路引飘带通常会出现在没有方向指示牌，但可能迷路的路段，可以起到指引方向的作用，同时也能给徒步新手心理上的安全感。

鲲鹏径的行走指南

也许要许多年之后，我们才能真正明白2024年开通的鲲鹏径对深圳的意义：这条200多千米的步道，是城市文明与原始野趣的先锋探索，是深圳已迈入世界级城市的又一佐证，是健康生活方式的倡导，是全民共享的福利，是活力之城张开双臂拥抱世界的姿态，是当代深圳留给未来深圳的一份礼物。

——鲲鹏径行走笔记

▷
鲲鹏径十三段。两位行人拾级而上，身影在葱郁植被的簇拥下，显得格外渺小却坚定

鲲鹏径的行前准备

一、徒步前的准备

1. 徒步规划

虽然鲲鹏径沿途大部分地方设施完善，步道标识清晰，但为应对不确定的风险，制定详细的徒步规划必不可少，做到不盲目进山。

(1) 提前了解即将徒步线路的基本信息，包括长度、累计爬升、步道类型（绿道、台阶路或自然步道）以及下撤线路，可以在手机上提前下载好离线轨迹或路书；

(2) 关注天气预报，了解徒步期间的天气情况，如天气条件不佳，应及时取消行程；

(3) 购买徒步期间的户外保险。徒步是一种高风险户外运动，会面临各种不确定的安全风险。购买徒步期间的户外保险，是对自己和家人的一种保障。

2. 装备清单

古语说，“工欲善其事，必先利其器”，为了在鲲鹏径收获更好的徒步旅行体验，需要有对应的徒步装备，同时，还要准备徒步期间的饮用水和食物，只有吃饱喝足，才有力气徒步。

类型	郊野路段	城市绿道
衣服	需要穿速干的长衣长裤	日常穿着即可，但建议穿长裤
鞋子	抓地力强的徒步登山鞋	运动鞋
帽子	防晒散热性能好的户外帽子，最好是可遮挡脖子的渔夫帽	有防晒效果的普通帽子即可
登山杖	方便携带的登山杖 2 根	无需登山杖
头灯	能保证照明 3 小时以上的头灯	无需头灯
驱蚊液	避蚊胺含量较高的驱蚊液	可不带驱蚊液
背包	30 升及以上有背负系统且散热效果好的背包	根据携带物资大小自由选择背包
充电宝	不少于 1 万毫安	可不带
医疗包	配备有消毒棉签、创可贴、纱布、绷带、剪刀、固定板、急救毯等医疗物资	可不带
食物	简易午餐、一定量的水果	带一定量的水果、零食
饮用水	见补充知识中的饮用水建议	500 毫升左右

补充知识：

a. 饮用水建议

在中等温度下（20° C~30° C），徒步时每小时需要补充 300~500 毫升饮用水，可以根据徒步时长，来提前准备要携带的饮用水。夏季因为气温较高，应适当多带一些，并且还要带一定量的运动饮料，而冬季则可适当减少所带饮用水。

计算公式：徒步时长 x（300~500）毫升 / 小时 = 所需饮用水

b. “四三三”原则

在户外徒步中，“四三三”原则是指体能、食品、水、手机电量等方面的分配原则，即按上山 40%，下山 30%，备份 30% 的原则消耗体能和所带物资。

计算公式：40% 上山 +30% 下山 +30% 备份 = 所带物资和身体体能。

鲲鹏径的基本礼仪

无痕山野，做自然温柔的访客

在鲲鹏径的徒步之旅中，我们沉醉于山川的壮丽、草木的生机，享受大自然无私馈赠的同时，也肩负着守护它的责任。“无痕山野”行走礼仪，便是我们对这片美好天地最诚挚的敬意。

轻踏大地，莫扰安宁

漫步鲲鹏径，请尽量轻踏既定步道，避免随意开辟新路，侵扰小草和苔藓的生命轨迹。每一步都尽量轻盈，以免惊扰栖息的小动物，让它们在熟悉的环境中自在生活。

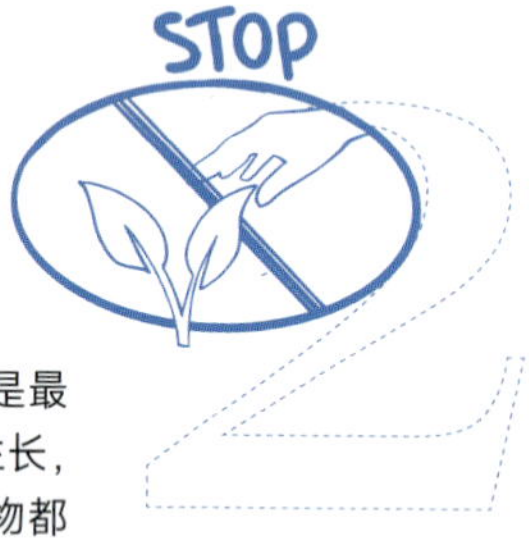

只赏其美，不折其枝

沿途的野花绚烂多姿，野生植物各具风情，但请记住，欣赏是最好的拥有。不随意采摘花朵、挖掘植物，让它们在自然中绽放和生长，为山林增添色彩与生机。每一朵花都是大自然的杰作，每一株植物都是生态链上不可或缺的一环。我们的不打扰，是对它们最深的尊重。

带走垃圾，不留痕迹

在享受徒步乐趣时，我们产生的垃圾，无论是食品包装袋、水瓶，还是纸巾，都请随身携带，直到找到合适的垃圾处理点。不要让这些废弃物成为山林的“伤疤”，保持沿途环境的整洁，让后来的徒步者也能领略到鲲鹏径原始的纯净之美。

微笑致意，传递理念

当与其他徒步者迎面相遇时，别忘了送上一个温暖的微笑，简单的善意能让旅程更加美好。同时，也别吝啬分享“无痕山野”的理念，向身边的人介绍这些环保的行走礼仪，让更多人加入到守护自然的行列中，汇聚起保护这片土地的强大力量。

文明打卡，爱护生灵

用相机或手机记录鲲鹏径的美景，本是无可厚非的乐事，但拍照时请不要破坏周围的环境。遇到野生动物，保持适当的距离，不投喂、不伤害。我们的食物可能会对它们的健康造成威胁，而过度的亲近也可能干扰它们的正常生活。让我们静静观赏，让它们在自然的舞台上自由演绎。

降低声响，聆听自然

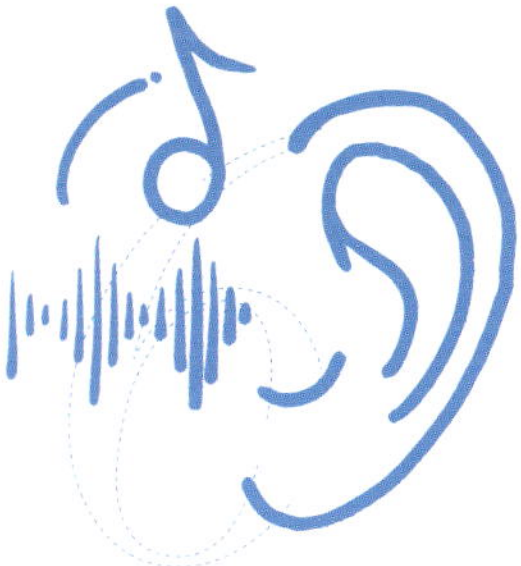

在山林间，我们应尽量压低自己的声音，不高声喧哗。让鸟鸣、风声、流水声成为我们徒步的背景音乐，用心聆听自然的声音，感受那份宁静与和谐。同时，尽量避免使用高分贝的电子设备，为野生动物保留一片安静的栖息之地。

尊重当地，融入文化

鲲鹏径周边蕴含着独特的风土人情和地域文化。我们应当尊重当地的习俗和传统，不破坏古迹和文化遗址。与当地居民友好交流，以开放包容的心态去了解和感受他们的生活。

记住：无痕不是规则，而是爱慕者的本能；不是约束，而是穿越者给后来者的情书。在这条用 200 多千米写就的自然诗路里，愿你的每一次驻足，都成为韵脚而非涂改；愿山海回望你时，会说：“看啊，那是懂得与万物共享呼吸的人类。”毕竟，我们行走的从来不是山路，而是自身文明的倒影。

鲲鹏径的安全常识

在鲲鹏径上可能会遇到的风险及应对方法：

1. 地形风险

滑坡	在连续降雨之后，土壤水分含量高，可能会发生滑坡情况，这种不确定的地质灾害，对徒步者有较大的安全隐患。应对此类风险，需要做到在连续降雨之后，不要进山，在边坡路段，观察通过，不停留。
山洪	鲲鹏径在阳台山、响水河、碧岭、大鹿港等地点，会穿过溪流，在暴雨多发季节，可能会产生山洪。为避免被山洪所困，在徒步时，如遇天气不佳，应该及时取消活动。在徒步过程中，如突遇暴雨发生山洪，应选择安全路线下撤或原路返回，不要强行穿过溪流。
海浪	在大鹏范围的鲲鹏径，会经过较长的海岸线，这些地方海边通常会有大浪，特别是礁石区域，海浪可能将人拍打到礁石上，危及生命。在海边徒步时，应远离礁石区域，不冒险下海。

2. 气象风险

暴雨雷电	夏季徒步，可能会遇到暴雨、雷电天气，虽然持续时间不会很长，但却有很大的安全风险。在徒步过程中，如遇到这种极端天气，应就近选择可以避雨的建筑物躲避，如附近没有可躲避的地方，应远离溪谷、高压铁塔、大树和空旷地带，可选择低洼处，蹲下身体，双脚并拢。身体被淋湿后，可能会导致失温，在雨停后，应及时更换衣物。
高温	在高温天气徒步，可能因体温调节出现障碍，引起头晕、恶心等症状，甚至危及生命，这就是发生了中暑。这种情况下，应找一处阴凉通风处休息，补充电解质和水，严重者，应拨打救援电话，及时就医。
低温	冬季，在梧桐山、大雁顶等海拔较高山区徒步时，如遇低温大风天气，可能会导致身体失温。出现失温情况时，应尽快撤离山顶区域，转移至可躲避大风的建筑或树林，如带有急救毯，可将其穿戴于头及上半身，等待身体恢复后下撤。

3. 身体风险

突发疾病

剧烈的户外运动，可引发心脑血管疾病，严重时可能导致猝死。应对此类风险，应该做到以下几点：一、有基础疾病不建议参加剧烈的户外徒步活动；二、徒步前一天晚上要有充足的睡眠；三、徒步难度应该遵循由易向难的提升，平时不运动的人不建议一开始就走鲲鹏径比较难的路段；四、在徒步过程中，如感受身体不适，及时停下来休息，不要逞强。

4. 生物风险

毒蜂

毒蜂会在低矮灌木丛筑巢，在受到惊扰时，会攻击人类。毒蜂的毒素可引起人体肝、肾功能的衰竭，过敏者可危害生命。在遇到毒蜂时，应绕路通过，如被毒蜂所蜇，应及时停止前行，就近选择下撤路线下山，情况严重应该就医。

毒蛇

深圳的毒蛇种类很多，鲲鹏径的郊野段都有分布。徒步时，可携带登山杖，“打草惊蛇”，同时要多注意脚下，不要分心他处。由于不同的蛇毒素不一样，治疗的方法也不尽相同，当被蛇咬伤后，首先要记清咬伤自己的蛇的特征，可拿出手机对蛇拍照；其次，原地不动，呼叫同伴，拨打救援电话，等待救援。

蜱虫

在深圳山林中，有蜱虫的分布，蜱虫的危害在于它会携带传染病菌，是比较容易被人忽视的危险因素。在徒步过程中，尽量减少皮肤的暴露面积，穿长袖长裤。被蜱虫叮咬后，不要试图强行拔掉叮咬皮肤的蜱虫，应及时就医。

红火蚁

在鲲鹏径上，偶尔会看到一些“小土堆”，这些是红火蚁的巢穴，被红火蚁咬到会引起水疱、发红发痒，过敏体质可能会导致休克甚至死亡。被红火蚁叮咬后如有不适，应及时就医。

鲲鹏径一段

1/20

KUN PENG TRAIL

只要走，
总能到达你的远方

远方有多远？

鲲鹏径的第一段，始于宝安凤凰山，起点是山脊上的飞云顶，终点位于洲石彩绘路口。凤凰山最高处仅有376米，"山不在高，有仙则名"，凤凰山以独特文化底蕴著称。明代郑文炳曾在《秋日游凤凰岩》中写道："扶筇直上飞云顶，举手不觉摩苍旻。"

行走在鲲鹏径的第一段，山水和人文，在摩挲绿影的氤氲中，与行人的眼神拥吻，投影出一幅浪漫的画卷。

远方不远。

因为我们的眼里有光，因为我们一直在路上。

此时此刻此地，就是最好的开始。

鲲鹏径一段
KUNPENG TRAIL SECTION 1

路线长度
Length
6km

累计爬升
Accumulated climb
176m

难度系数
Difficulty level
★★★

观景推荐

人文景观

◎ 历史遗迹

望烟楼
观景月份 1月—12月
观景地点 Y K002+50

◎ 建筑设施

九围旧村
观景月份 1月—12月
观景地点 Y K011+1000

思贤亭
观景月份 1月—12月
观景地点 YK000

镇山亭
观景月份 1月—12月
观景地点 Y K000+300

许愿亭
观景月份 1月—12月
观景地点 Y K000+350

凤鸣亭
观景月份 1月—12月
观景地点 Y K006+200

落霞畔
观景月份 1月—12月
观景地点 Y K004+300

◎ 文化艺术

凤岩古庙
观景月份 1月—12月
观景地点 Y K000-400

神蛙寺
观景月份 1月—12月
观景地点 Y K006+300

自然景观

◎ 地质地貌

飞云顶
观景月份 1月—12月
观景地点 Y K000

琴石
观景月份 1月—12月
观景地点 Y K000+350

凤凰山入口

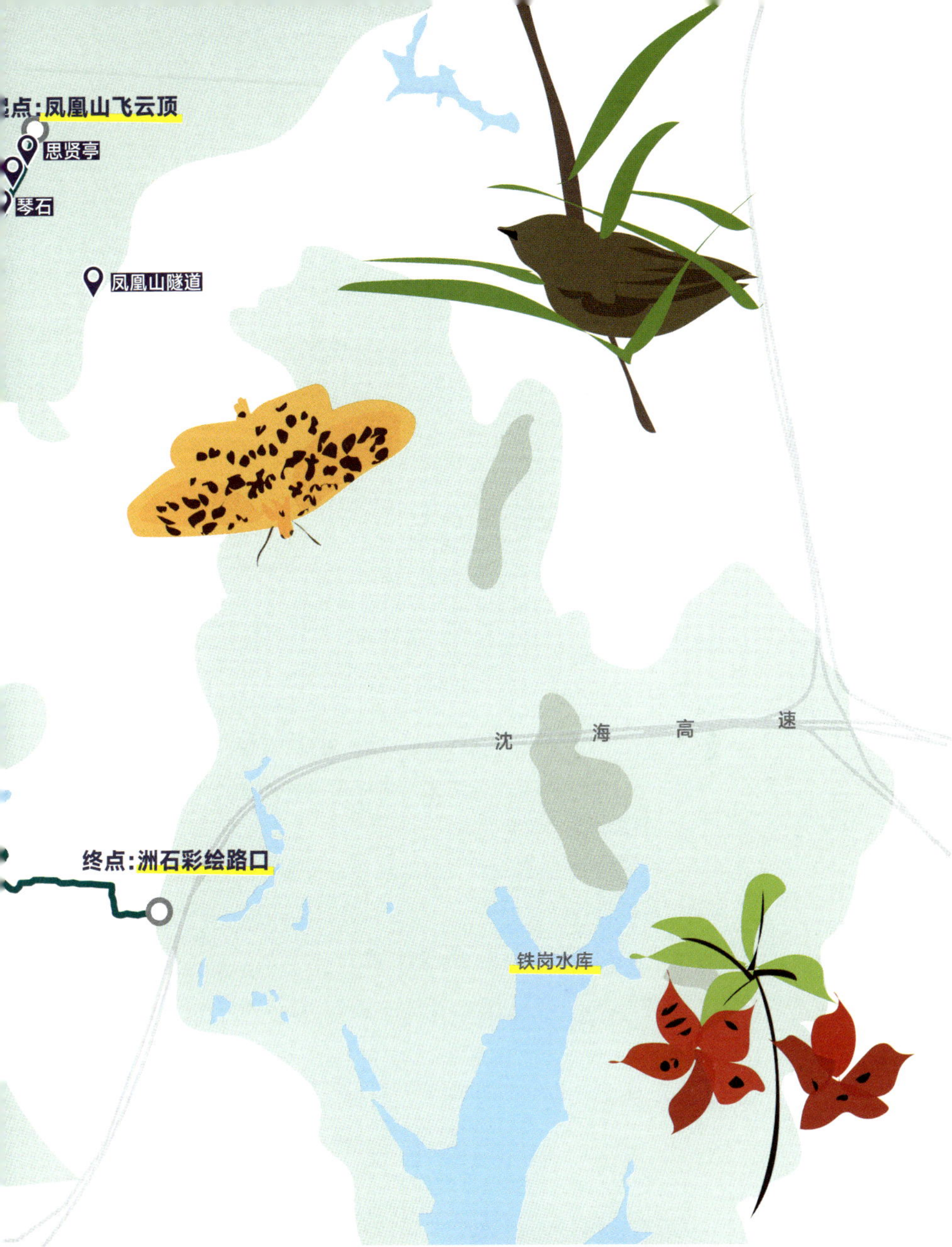

鲲鹏径起点－飞云顶

镇山亭

望烟楼

鲲鹏径一段720度VR全景

一

行走笔记：从“出走”到接纳

或许，我们都需要一个“出走”的决心。

生活在一个忙碌的城市，你我都是匆匆的行人，争分夺秒，不停赶路，却不曾好好感受路。鲲鹏径，带来生活的另一种解法。

6千米，是鲲鹏径第一段的距离；而你与鲲鹏径的距离，只差一个背包，和一个“出走”的决心。在鲲鹏径起始第一段，你可以在凤岩古庙带着对未来的憧憬，平和地许下一个心愿；或者远眺深圳机场，看一架架飞机跨越山海，看深中通道飞架伶仃，感受这个城市连接世界的脉搏和呼吸……

原来，这是一次关于浪漫的探索，一场关于自我的发现，一段涉及心灵的旅途。

原来，我们与这个城市没有距离，我们已经开始接纳最真实的自己。

——鲲鹏径行走笔记

扫码观看《宝安远足径郊野径》

▷
站在鲲鹏径第一段眺望，深中通道蜿蜒如带，深圳地铁穿行而过，珠江口波光点点，山海与城市交融，壮阔与繁华尽收眼底

沿途印记：

从飞云顶启航

△
鲲鹏径起点飞云顶的通关集章装置，在这里开启你的集章之旅

鲲鹏径的第一段，仿佛一条穿越时光的丝带，从凤凰山的飞云顶起步，将沿途壮美的自然景致与深厚的人文底蕴串联在一起。

△
凤凰山广场。从入口进去，来到凤凰山脚下，映入眼帘的是三个红色的大字——凤凰山

旅程的起点飞云顶位于凤凰山森林公园云顶参天景区，抵达这里需要先从公园的主入口处向上攀登约 2000 米的台阶路。当双脚踏上山巅，天地的辽阔迎面而来：亚婆髻巍峨屹立，阳台山连绵起伏，铁岗水库波光粼粼。自由的风拂过山、海、城，沾染着人间烟火，捎走你的疲乏与倦意。沿途

的手作步道凝聚了公民共建的智慧，以天然材料融入环境，不仅降低了对自然的影响，还提供了更亲近土地的行走体验。手作步道几乎贯穿鲲鹏径全程，在山野间延展，以自然友好的方式融入环境，让行走者在每一段旅程中都能安全、舒适地亲近自然。

◁
鲲鹏径上的手作步道秉持“三零原则”和“无痕山林”的理念，将传统技艺与现代生态理念巧妙融合

◁
路旁的解说牌详细介绍了拉绳等巧妙设计，让步道更安全、更友好

步道蜿蜒，途中最为热闹的便是凤岩古庙。这座建于元代的庙宇，坐落在凤凰山半山腰，香火鼎盛。传说这里曾是凤凰栖息之地，因而得名凤凰山。站在庙前，袅袅香烟诉说着祈福平安的朴素愿望，以及文天祥后裔文应麟在此隐居延续家族的故事。

再往上攀，便是凤凰山的最高点——望烟楼。这座历史悠久的阁楼，传闻与文天祥的后裔有深厚渊源。登楼回望，来时的路早已隐于一片绿意之中。山风拂过，带来淡淡的木荷清香。

▷
掩映在凤凰山森林公园中的凤岩古庙。古庙始建于元大德年间（1297—1307 年），至今已有 600 余年的历史

沿着步道继续前行，穿过木荷林，抵达凤鸣亭。亭外山林延绵，光影斑驳，微风徐来，旅人的疲惫在这一刻悄然散去。短暂歇脚后，旅程再启，眼前的山路变得更加轻快明朗。

步道的终点是洲石彩绘路口，附近的九围村是座有着数百年历史的客家古村，依旧保留着排屋与碉楼的古朴风貌。

▽

登临凤凰山最高点望烟楼，俯瞰整座山峦，绿海翻涌如涛，天地辽阔无边

▷
望烟楼

△
灯火辉煌的深圳夜景，如同流动的星河，
诉说着这座城市的不夜繁华与无限可能

或许某个深夜，当你乘坐一架归航的飞机，一路颠簸，一身困倦，飞机缓缓穿越厚重的云层，视线不经意间看到了大地上万家灯火中，远处鲲鹏径若隐若现的山影，望着那熟悉的轮廓，往昔在鲲鹏径徒步的记忆瞬间被点亮。你突然发觉被她的温暖浸染，也许会在心里默默地喊：

这是我生活栖息的城市！

这是我用脚步丈量过的城市！

这是我的城市！

鲲鹏视界：

能看飞机起落的远足径

“凤皇（凰）鸣矣，于彼高冈”，

凤鸣亭视野开阔，是凤凰山上俯瞰深圳机场的绝佳观景点。

站在亭中，极目远眺，深圳机场如璀璨的明珠镶嵌在伶仃洋畔。一架架航空器宛若灵动的飞鸟，遨游苍穹自在穿梭。机翼迎风划破宁静的天际，带着城中村未寄出的情书、深圳湾海风的絮语、凤凰山的祈福丝带，夹杂着许多念想，奔向希望的远方。

▷
鲲鹏径上绝佳机场视角，远眺珠江口与深圳西部，南望可以欣赏到一架架在深圳机场起飞降落的班机

远处的深中通道，如同一条巨龙横跨海面，蜿蜒曲折，将深圳与中山两地的山海融为一体。

◁
晚霞映衬下迎风起飞的飞机，天地间尽显飞翔的壮美与自由

在深圳，总要趁黄昏去一次鲲鹏径一段吧！

当落日余晖倾泻，磅礴云团盘踞天际，深圳的港口、桥梁、机场在金色的笼罩下，尽显滨海都市的雄浑气魄与蓬勃活力。

鲲鹏径一段上的黄昏

生命物语：

飞翔带来的宽广和自由

扫码观看《风中的舞蹈》

人们仰望星空，心中怀揣着飞翔的梦想。就像鸟儿展翅高飞，冲破云霄，而飞机的起飞则将这份梦想带上了新的高度。飞行，不仅是技术的突破，更是对自由与辽阔的追寻。

“凤山福水福盈地”

凤凰山，素有“凤山福水福盈地”的美誉，以其广袤的植被覆盖和丰富的自然资源，成为鸟类的天堂。这片山林自古以来便是大自然的馈赠，森林茂密，溪流蜿蜒，植物群落结构层次丰富，仿若为鸟类量身打造的栖息乐园。

◁
凤凰山的小桥横跨清澈的溪流，流水潺潺，绿树成荫

千百年来，凤凰山见证了无数鸟儿的往来。从每年秋冬的迁徙季节开始，凤凰山吸引了各式各样的鸟儿在此驻足。每当清晨的第一缕阳光洒下，山林间鸟鸣婉转，与远处深圳机场的轰鸣声交织，形成一首独特的交响曲，唤醒整座城市的生机。

▷
用鸣唱求偶的雄性海南蓝仙鹟 。鸟的鸣唱就像人的情歌，只不过鸟儿的情歌大多是雄性唱给雌性的

“天空本是囚笼，直到第一根羽毛刺破洪荒的茧房。”飞翔，是自然赋予鸟类最珍贵的礼物。岁月漫长，进化无声。当哺乳动物千方百计让体型变得更大，鸟儿却把身体和脏器折叠成轻薄的叶片，把呼吸调整成季风的频率，只为了——拥抱天空。

△
普通鸬鹚的飞行队伍。一些候鸟在迁徙中，会结成团队飞行，并组成不同的队形。一般有人字形、一字形和封闭群。人字形的飞行可以让领队劈开空气阻力，使紧随后面的同伴飞翔更省力一些，减少迁徙中的体力消耗

△
集群飞行的黑翅长脚鹬。鸻鹬类的水鸟翅膀狭窄修长，身形灵活，可以自如地翻飞转向，喜欢成群结队地掠过水面

鸟儿是天生的空间解构者。它们的羽毛、翅膀、力量，就像是自然赠予的“赦免通行证”。它们无需导航，却又拥有无限抵达的权利。

在这条步道，飞翔从未停止。当晨光初绽，总有一只远渡重洋的飞鸟为城市开启全新的一天。它们就像天地间跳动的音符，用悦耳的歌声装点四季旋律，用灵巧的双翼连接静谧山林与都市喧嚣。每一片羽毛轻扬，都在诉说自然的宽广与自由，每一次清脆鸣叫，都在提醒我们生命的丰盈与美好。

山川湖海，天地广阔。我们与鸟儿，共享同一片时空，想到这或许你会懂得——自由不过是生命的另一种复调。

链接步道：

凤凰山祈福步道

愿望在都市中生长

▷
凤凰山凤岩古庙前。人潮如织，香火鼎盛，虔诚的祈福声在山间回荡，承载着无数人对平安与福泽的美好期盼

深圳的北部天际线上，凤凰山如同一只展翅高飞的凤凰，是深圳人心中神圣的祈愿之地。沿着凤凰山祈福步道缓步而上，步道蜿蜒，藏在翠绿葱茏之间，每一个转角都像是揭开自然的一层面纱。树荫斑驳，阳光透过叶隙洒在石阶上，鸟雀鸣啭，清泉叮咚，偶有微风携来花香，让人不由得驻足深吸，感叹这一方净土的静谧与美好。

△
凤凰山许愿廊。一棵棵树上挂满祈愿的红绳，每一条都承载着人们对幸福与希望的美好期盼，在微风中轻轻摇曳

半山腰处，凤岩古庙静立在云烟之间，香火缭绕中弥漫着虔诚的祈愿。这座曾历经风雨湮没的古庙，而今却如凤凰涅槃般重现辉煌。每逢初一、十五，或节假日，庙门前的石阶总是被络绎不绝的香客踏得发亮。一炷香，一声愿，将平安与幸福寄托于此。

山路旁，挂满愿望的树高高地生长。人们将红丝带系于枝头，让心中未说出口的梦悄悄开花。在这里，城市的喧嚣渐渐远去，你可以随心而行，走走停停。南望深圳的繁华，北瞰林海的广袤，一切都显得那么从容而美好。

出发吧，选择一个晴朗的日子，沿着凤凰山祈福步道缓缓而行。或为祈福，或为心安，抑或只是为了片刻与自然的相遇。在这片山海相连之地，愿你的心愿如风般自由，像凤凰般涅槃，生长在未来的时光里。

△
祈福步道上的林间阶梯。在翠绿的林荫中蜿蜒而上，每一步都承载着虔诚的祈愿，与自然的祝福同行

△
长在山里的愿望。承载着人们对幸福的期盼与祝福，每一块木牌都是一段真挚的心愿，随风摇曳间诉说着对未来的美好祈愿

我四岁女儿的祷词，
那么无私，善良，
她跪下，对那在烟雾缭绕中
微闭着双眼的观世音说：
菩萨，祝你身体健康。

——唐不遇

链接步道：

凤凰径

穿越深圳的“大西北”

凤凰径全长 80 千米，是深圳远足径的西北支线，从凤凰山飞云顶向北延伸至深莞交界的马鞍山，与鲲鹏径相连。沿途连接了凤凰山森林公园、石岩湿地公园、大雁山森林公园、光明森林公园、罗田森林公园……

△
凤凰山森林公园的飞云顶，是凤凰径的起点，也是鲲鹏径的起点

△
凤凰径经过的罗田森林公园位于深圳与东莞的交会处，是深圳远足径的最北端，原是林场，2016 年改建为城郊森林公园

◁
凤凰径与鲲鹏径交会处的标识

△
行走在凤凰径蟾蜍石段的徒步者。岩石与青绿相映，脚步轻盈，仿佛与大自然融为一体，享受每一步的宁静与力量

每一步行走，都穿梭在不同的自然景色之间。从凤凰山森林公园的葱郁森林，到石岩湿地公园的悠然水景，再到大雁山森林公园的翠绿山丘，最后来到充满鸟语花香的光明森林公园，再沿着蜿蜒的步道走进罗田森林公园的宁静深处，每一处都将你带入与大自然亲密接触的世界。

△
行走在凤凰径上的徒步者。与高强度施工修建的水泥路比较，林荫覆盖的步道更舒适，有更多样的生物与景象

△
凤凰径中的光明森林公园步道。逃离城市喧嚣，置身于满眼的绿意之中，每一步都带来不同的自然景色

鲲鹏径二段

2/20

KUNPENG TRAIL

看过湖泊的眼睛，
会变得更加清澈

湖泊是大地的眼睛。你欣赏湖泊时，其实大地也在欣赏你。

鲲鹏径第二段紧邻铁岗水库，从洲石彩绘路口出发，止于宝石路路口，步道平缓，海拔不过80米，是周末亲子探访自然的理想之地。

踏入九围湿地，挑剔的水鸟早已在水中安营，悠闲观摩自己的倒影。冬日，微风吹翻金黄颜料盘，湿地层林尽染，如梦如幻。在自然步道，枫树、木荷、相思树挺拔伫立，趁你不注意，与大地上层层叠叠的落叶低声絮语。那西乡河两岸的垂钓者，不疾不徐，完美融入这风景里。往前穿行，铁岗水库的倩影在林间时隐时现，红岭仔的巨石静卧山顶……

当大地的眼睛，倒映在你的眼睛，你和大地之眼，成为别人眼睛里的风景。

鲲鹏径二段
KUNPENG TRAIL SECTION 2

路线长度
Length
11.5km

累计爬升
Accumulated climb
86m

难度系数
Difficulty level
★★

观景推荐

自然景观

◎ 地质地貌

红岭仔
观景月份 1月—12月
观景地点 Y K030+200

◎ 水文地理

九围湿地
观景月份 1月—12月
观景地点 Y K012-Y K017

铁岗水库
观景月份 1月—12月
观景地点 Y K017、Y K025+400

西乡河碧道
观景月份 1月—12月
观景地点 Y K026-Y K027

◎ 生物景观

落羽杉
观景月份 10月—翌年1月
观景地点 Y K015-Y K016

观鸟木屋

九围湿地公

杉林栈道

西乡河碧道

桃花源智创小镇

鲲鹏径二段720度VR全景

二

行走笔记：

透过湖泊看世界

梭罗在《瓦尔登湖》中说："湖泊是所有自然景观中最具表现力也是最漂亮的一部分。它相当于地球的眼睛，看着湖，人们考量出自己的本性有多深。"

不知你注意到没？许多心灵的感觉都带有"看"的动作，比如重视、轻视、审视……

或许，是因为我们通过眼睛观察世界，为心灵提供最直观的素材。一定程度上说，蒙蔽了双眼，其实是蒙蔽了心灵；而涤荡双眼，便是涤荡心灵。

要用眼睛去发现美好，在深圳，看看湖泊就是个不错的选择。

——鲲鹏径行走笔记

◁
鲲鹏径上的铁岗水库是深圳规模最大的水库之一，不仅供应城市生活用水，还拥有迷人的自然风光

沿途印记：

湿地的生命之歌

鲲鹏径第二段途经九围湿地公园、铁岗水库和西乡河碧道，是欣赏水域风光的绝佳之处。

△
鲲鹏径二段九围湿地公园的观鸟木屋。木质结构与自然融为一体，为鸟类观察者提供了隐秘的观察点。在这里，你可以透过小窗，近距离感受湿地栖息鸟类的灵动姿态，聆听自然的低语

秋风爽爽，生命的张力在九围湿地公园蓬勃生长。那落羽杉似灼灼烈焰，将潋滟的水波淬成赤金，枝影斑驳摇曳，这是鲲鹏径诗意的证据。在这片秋意浓的秘境里，生命得到了最本真的舒展——湿地水鸟悠然栖息，苇丛间昆虫悄声低语，蜘蛛编织着黏腻的光阴，蚯蚓撰写着大地的年轮……

▷
秋日九围湿地公园的杉林栈道。落羽杉染上了金红的霞彩，倒映在清澈的水面上，仿佛一幅浸润诗意的画卷。走在林间步道上，微风拂过，杉叶轻落，秋意在每一寸光影中蔓延

从铁岗水库西门走出，沿着西乡河碧道漫步，便能感受到这条碧道独特的闲适与活力。碧道分为上、中、下三段，每次来到这里，总能见到垂钓者静静守候于水边。夏日水脉丰盈时，整条碧道水波溶溶，孩子们把足尖探进清凉，溅起欢快的水珠；骑行者穿梭摇铃，带走绿意清风和几声清脆的蝉鸣。

漫步于此，你不仅能感受深圳多元的生态，更能直接触摸生命的参差。在这个生机勃勃的城市，每一种生命都值得珍惜。

因为，这里是深圳。

◁
西乡河碧道。两岸绿意盎然，水波粼粼，倒映着蓝天白云

湿地：
万物生长的乐园

红颊(jiá)獴(měng)
(Herpestes javanicus)
翠胸黄蟌(cōng)
(Ceriagrion auranticum)
大白鹭
(Ardea alba)
池鹭
斑鱼狗
(Ceryle rudis)
玉带凤蝶
(Papilio polytes)
黄斑渔游蛇
(Fowlea flavipunctatus)
小䴙(pì)䴘(tī)
(Tachybaptus ruficollis)
白鹭
(Egretta garzetta)

湿地是陆地与水体的过渡地带，兼具陆生和水生两种生态系统，既是天然的基因宝库，也是众多生命的精彩舞台。

生命物语：

鸟喙里的生态密码

鲲鹏径第二段是鸟儿的生命乐园，沿着步道漫步，你会在湿地周边遇到各种各样的鸟儿，它们在这片广袤的天地间翱翔、栖息、觅食。鸟儿是活动范围最广泛的动物，能够飞翔、行走、游泳、潜水，它们的能量消耗极大，因此需要不断进食来补充体力，而为了满足不同的进食需求，鸟儿进化出了各式各样的嘴巴，巧妙地避免了竞争。

扫码观看《恐龙后裔的眼力》

喙 ♣
短呈圆锥形，好磕破
硬的果皮

食物 ♣
种子、昆虫

栖息环境 ♣
林间、灌木丛

喙 ♥
长而锐利，可夹住
动的鱼

食物 ♥
鱼类、虾类等水生生物类

栖息环境 ♥
水边

喙 ♠
端锐利、呈钩形，
便捕杀及撕开猎物

食物 ♠
鼠类、鱼类、
蛙类、鸟类、蛇类

栖息环境 ♠
开阔平原、草地、林缘地带

喙 ♦
细而略弯曲，
深入花朵蜜腺

食物 ♦
花朵的花蜜、植物嫩芽

栖息环境 ♦
林间

链接步道：

宝安飞羽步道

像飞鸟一样自由

△
湿地上空翱翔的白鹭。翱翔的飞鸟，在深圳天空划下一道道亮丽的流苏，这是城市中最动感的生命弧线

宝安飞羽步道坐落于九围湿地公园，作为一条与大自然紧密相连的步道，它的设计灵感来源于飞鸟自由翱翔的身姿。行走在这条步道上不仅仅是一次简单的行走体验，更是一次心灵的漫游、一场与自然亲密接触的美丽旅程。

“像飞鸟一样自由”，是飞羽步道的理念核心。

在这里，不仅可以看到湿地的自然景观，更能感受飞鸟翱翔的自由轻盈。步道蜿蜒，藏着白鹭振翅扑扇的劲头；暮色四合，鸟鸣溅起点点涟漪漫过游人的心底。栈道与时间的缝隙里，行人的脚步与飞鸟的振翅，竟如此同频。

抬头，目送天空中迁徙的阵列，用肩膀去承接被羽翼搅动的气流；挥手，告别每一声啼鸣悠扬；舒展，此刻便是自由。

观鸟 tips

步道一路延展，湿地中的每一块解说牌都似鹤静立，悄声诉说着大自然的故事。水鸟、蜻蜓、鱼虾、植被，一切都是如此和谐静谧。

在这里，抛却那些关于意义的刻板印象吧，当芦苇在风中摇曳呼吸，当鱼虾在水中搅动落下光斑，当你的睫毛已经浸满水汽，所有关于意义的意义，都抵不过此刻风景的意义。

▷
飞羽步道上的解说牌。沿着步道设置的每块解说牌，都像是一位无声的导师，在向过往的路人解说着关于飞鸟的故事

鲲鹏径三段

我在鲲鹏径的脚印，
是和这个城市的
聊天记录

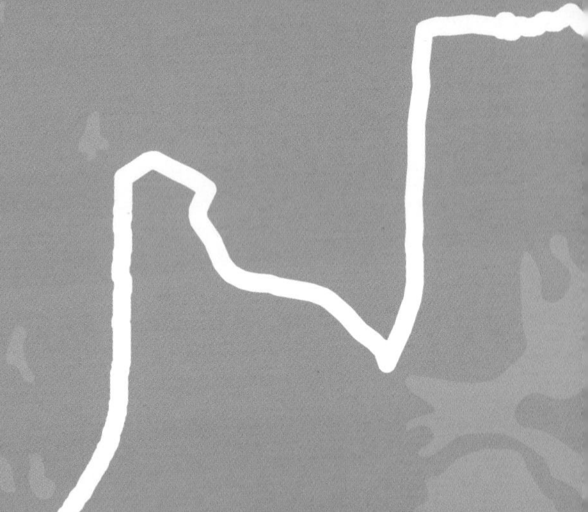

3/20

KUNPENG TRAIL

去探寻，把向往变成脚印。

鲲鹏径第三段如一条温柔的纽带，串联起宝石路路口与麻磡二号登山口，路线由市政道路与绿道交织而成。这一段旅途，自带穿越感。铁岗水库、荔枝世界、丽水河、客家村落，景观丰富多样应接不暇。沿着宝石路路口一路向北，你可以窥见静谧的湖泊。在荔枝世界，一片片荔枝林，能让你瞬间理解究竟什么是“荔枝的世界”。

继续沿着丽水河北上，白芒村和麻磡村两个客家村落，就像多年未见的老友，在路边已静候多时……

春日，荔枝和龙眼的新叶为山林披上金黄，远远看着，反倒平添了几分秋日的素气。当你在荔林与客家村落间穿行，春日的芬芳便裹着脚步漫上肩头。或许你正放轻呼吸，让鞋底与石阶的私语都融进山风里——其实不必如此小心翼翼。你看那斑驳树影间跃动的光点，不正是大地在应和你的心跳吗？

鲲鹏径三段
KUNPENG TRAIL SECTION 3

路线长度
Length
10km

累计爬升
Accumulated climb
111m

难度系数
Difficulty level
★

观景推荐

人文景观

◎ 建筑设施

白芒村客家民居

观景月份 1月—12月　观景地点 Y K046+500

麻磡村客家民居

观景月份 1月—12月　观景地点 Y K058+200

自然景观

◎ 水文地理

丽水河碧道

观景月份 1月—12月　观景地点 Y K043+50

环西丽湖绿道(碧道)

观景月份 1月—12月　观景地点 Y K043-Y K053

麻磡河碧道

观景月份 1月—12月　观景地点 Y K053-Y K054

◎ 生物景观

荔枝世界

观景月份 1月—12月　观景地点 Y K043

麻磡村

丽水河碧道

环西丽湖绿道（碧道）

麻磡河碧道

鲲鹏径三段720度VR全景

三

行走笔记：深圳，新与旧

西丽水库

深圳新吗？无疑是新的。

深圳只有新吗？不然。

我们生活的这座年轻城市，只用了短短四十余载，就创造了许多令人惊叹的奇迹。那些闪烁的霓虹与天际线诚然耀眼，但在钢筋水泥的褶皱里，还藏着排屋石阶的苔痕、渔村古祠的月光——当海风掠过红树林时，历史的潮声仍在新城的脉搏里汩汩流淌。

漫步于鲲鹏径第三段，或许你会深有体会。在这段浪漫的旅程中，摩天大楼与古朴街巷并肩攀谈，现代与传统如黎明渐变的天色般缠绵难分，共同交织出一首城市高质量发展进程中的和谐旋律。

年轻，是生机勃勃的活力；古老，是历史勾陈的底蕴。这片土地，所见即所得。岁月光影一往无前，时间像一双大手撇去浮灰，显露出创新的变迁，折射出悠久的传承。

——鲲鹏径行走笔记

沿途印记：

看见深圳的另一面

走在鲲鹏径的第三段，你会惊喜地发现，这条优雅蜿蜒的步道，竟从深圳的城中村穿行而过，实属罕见。在这座充满活力的城市里，摩天大楼无疑是常见的，但当你踏上鲲鹏径第三段，逐步远离那些光彩夺目的高楼时，眼前却呈现出另一幅截然不同的画面——城中村静静地伫立在城市的深处，穿堂风在这里裹着烟火气，玻璃幕墙在这里碎成了搪瓷茶缸里的倒影，喧嚣在这里被蝉鸣过滤。

沿着鲲鹏径前行，你将穿过一个个古朴的村落。对了，不必导航，那些从屋檐漏下的光亮，会指引你前进。

△
牛成村，在 YK039 标距柱对面，映入眼帘的是一个古朴宁静的村庄——牛成村。牛成村位于西丽街道的西部，始建于明代，历史悠久。当年，黄氏先祖跋涉至此，开垦田地，成了这一片土地的主人。随着岁月流转，其他地方的人们也纷纷来到这里，或打短工，或打长工，抑或租地耕作，日复一日，这片土地逐渐演变成了如今的村落

△
白芒村，位于南山区西丽街道，昔日是一个繁华的城中村，如今已更名为百旺村。白芒村的历史可以追溯到清初，当时张氏先祖自兴宁南迁，在此地开基立业，逐渐形成了这个村落。村子依傍着白芒河而建，河岸两旁满是随风摇曳的白芒草。每逢秋季，白芒花竞相绽放，村子仿佛被柔和的白色光芒所笼罩，因此得名“白芒”

△
麻磡村，被誉为“深圳十大客家古村落”之一，是南山区保存最完好的客家古建筑群。村中300多间排屋与碉楼错落有致，散发出浓厚的历史气息，仿佛在诉说着悠悠的岁月。麻磡村始建于清嘉庆年间，由白芒村张氏一支北迁至此，开基立村。据《深圳村落概览》记载，因村子四面环山，地势起伏不平，交通闭塞，生活生产极为不便，故得名“麻磡村”

城中村，是深圳这座创新之城鲜活的注脚，也是理解这座庞大复杂城市不可或缺的一把“钥匙”。许多成功人士都曾从这些地方起步，对于初来深圳的人们来说，城中村往往是他们拼搏奋斗的第一站。鲲鹏径将城中村纳入线路肌理之中，本身便也是多元和包容的体现。

加拿大作家道格·桑德斯在其作品《落脚城市》中提出，所谓的“落脚城市”，是由乡村移民在城市中构建的飞地。尽管地处城市边缘，但这些区域却处于社会变迁的核心。它们“不断将受过教育的第二代送往更为富庶的社区，同时一再接纳新来的移民，形成了抵达、向上流动、离开的循环”。

桑德斯认为，成功的落脚城市是创造新兴中产阶级、消除农村贫困，并终结社会不平等的关键因素。

△
鲲鹏径三段航拍中的麻磡村。狭窄的小巷与高耸的楼宇并肩而立，展现着这座城市在高速变革中的包容与多样

生命物语：

南山荔枝：深圳专属的甜蜜

南山荔枝历史悠久，是驰名中外的岭南佳果。

南山荔枝成为全国首个获得地理标志保护的荔枝品牌。

荔枝在生长，动物也在栖息。到鲲鹏径的荔林，收集荔香、探访生命。

▷
鲲鹏径三段途经的荔枝林。粗壮的荔枝树枝叶交错，撑起一片绿意穹顶

链接步道：

环西丽湖绿道（碧道）

感受生命的节奏

环西丽湖绿道（碧道），位于南山区西丽街道，沿着西丽水库而建，是一条充满活力且与自然亲密接触的步道，全长约 16.2 千米，目前已全线开通。沿途，你不仅能享受西丽湖的美丽景色，还能感受到步道上各种主题解说牌的自然魅力。

△
西丽水库。环西丽湖绿道（碧道）如灵动的丝带，温柔地缠绕着西丽水库

问山叠水驿，这个独特的休息点设计精妙，落于湖边的玻璃房子提供了一个理想的避风港，游客可以在这里歇息，放松身心，享受湖光山色的美景。

△
问山叠水驿。临水而建的湖边驿站，周边草木葱茏，营造了一个悠然的休憩空间

△
稻香尺岸，以更自然的姿态存在于这一方山林间

环西丽湖绿道（碧道）起点接入大沙河生态长廊，沿西丽湖路向北，途经西丽湖牌坊，穿过沁园路，栈道连接大磡燕清溪碧道，形成了一个完整的环湖步道系统。

在示范段，从湖滨公园到问山叠水驿，被誉为“爱马仕级休闲路线”。沿途有广阔的露营绿地，湖水如镜，夕阳温柔，每一处景色都令人陶醉。

鲲鹏径四段

开阔的视野、
缤纷的草木、徜徉的动物、
日出日落，星空云海——
都市阳台把我和
深圳都装进了
画框

起点
麻磡二号登山口

终点
王京坑登山

4/20

KUN PENG TRAIL

在山中，如何雕凿一个都市阳台？这得先让山风浸润行人的眼睛。

鲲鹏径第四段自麻磡二号登山口开始，征服深圳西部第一高峰阳台山，最终抵达王京坑登山口。一路攀登，一路生花。每年四月至六月，黧蒴锥的黄色花朵以不可阻挡的架势，从山顶倾泻而下，编织出一条金黄的绸带，沉浮着这座城市未说出口的絮语。

去有风的地方。风门坳，在阳台山的西侧勾勒出一个悠远的U形。南海的风在此抬升，带着深圳湾的咸涩，一路向北漫溯，翻山越岭，直到秦岭才舍得停驻，将这份滋润播撒在大半个中国。

从风门坳至大阳台山顶，台阶陡峭，而攀登的每一步，都是如此让人步履沉稳。待登上飞龙乘云台，一切疲惫都化作无限轻盈，“轻舟已过万重山”。我们凭着脚印，让工位上错过的风景，一步一步在此刻落入眼睛。

在大阳台山顶，可以将深圳西部的风光尽收眼底，山与海相拥，湖与城相映。从莺歌山再次启程，踏上自然步道，直至大象石前，不禁为大自然的鬼斧神工而惊叹。穿过南山门，那狭窄的天地，仿佛是梦的试炼场，让人在挑战中更加坚韧。

终于，从第一段到第四段，山的轮廓在眼前清晰！山不言，你却已经知晓答案。深圳的自然山野在流动、在呼吸，它用独有的方式，诉说着一个个关于独处、浪漫与爱的故事。

鲲鹏径四段
KUNPENG TRAIL SECTION 4

路线长度
Length
7km

累计爬升
Accumulated climb
562m

难度系数
Difficulty level
★★★

观景推荐

人文景观

◎ 建筑设施

风门坳
观景月份 1月—12月　观景地点 Y K063

飞龙乘云台
观景月份 1月—12月　观景地点 Y K064+200M

大阳台山顶
观景月份 1月—12月　观景地点 Y K064+300M

莺歌山(一脚踏三区)
观景月份 1月—12月　观景地点 Y K066

自然景观

◎ 地质地貌

石猴探海
观景月份 1月—12月　观景地点 Y K065

南山门
观景月份 1月—12月　观景地点 Y K067+300M

面包石
观景月份 1月—12月　观景地点 Y K068+400M

大象石
观景月份 1月—12月　观景地点 Y K067+300M

旱窝观景平台
观景月份 1月—12月　观景地点 Y K062+200M

◎ 生物景观

鬣蒴锥
观景月份 4月—6月　观景地点 Y K060-Y K063

飞龙乘云台

风门

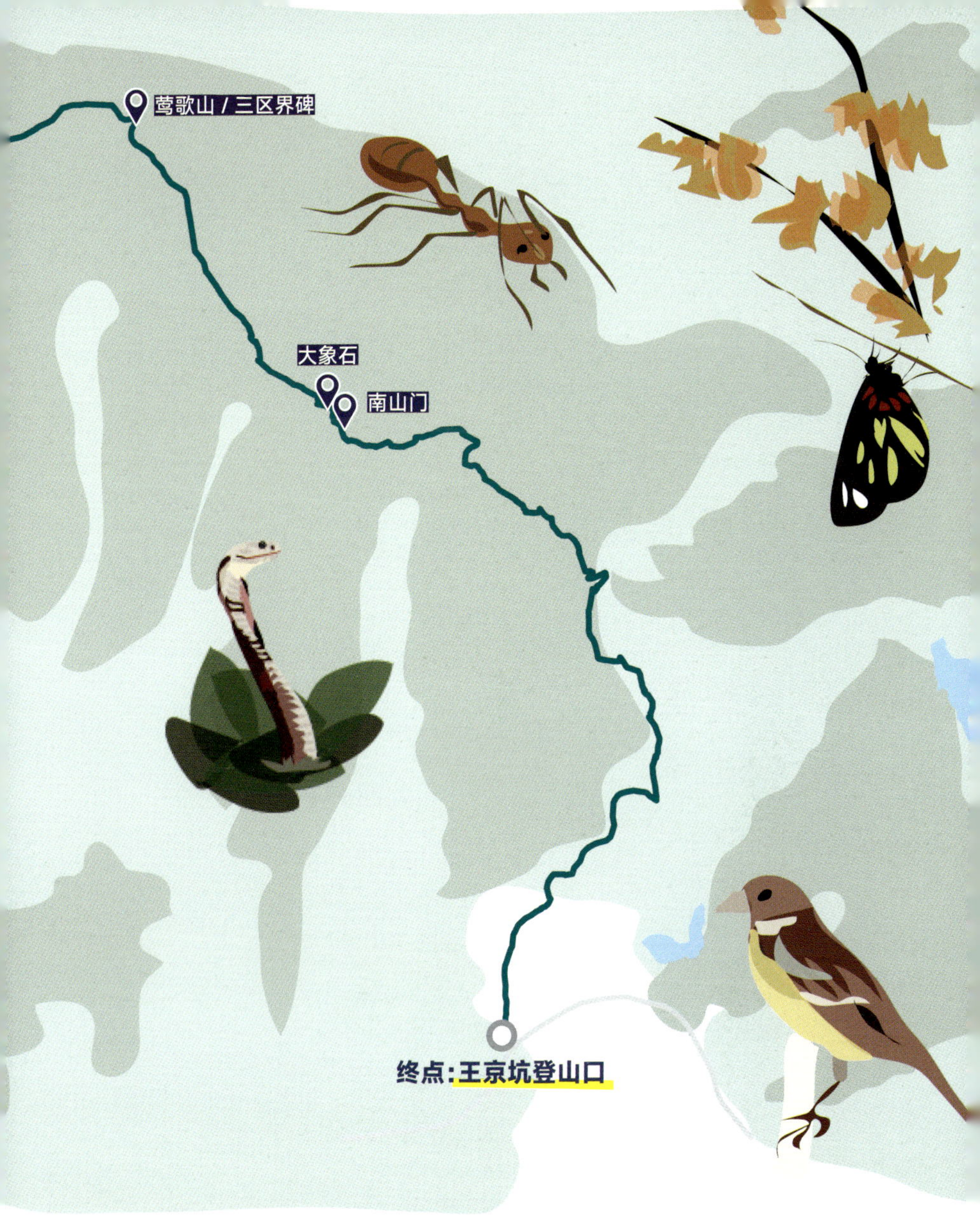

大象石

大阳台山顶

石猴探海

鲲鹏径四段720度VR全景

四

行走笔记：每一种生命的胜利

深圳的荒野之地，是自然繁衍的丛林山地，是恣意生长的野草灌木，是没有被填埋建造的海岸，是自由流淌未被污染改造的溪流……

都市里的荒野，是高强度城市化中的幸存之地，是自然运行的生态系统，是深圳最健康、最丰盛、最有活力、最可持续的自然遗产——为这个城市里的居住者带来巨大的福祉，是深圳的无价之宝。

——鲲鹏径行走笔记

沿途印记：

深圳的绿色“心脏”

在深圳这座现代化的城市中，许多人或许以为它的心脏是某座摩天大楼的顶端，或者是熙熙攘攘的商业区。然而，真正的城市心脏，是茅洲河的源头——阳台山森林公园。位于宝安、龙华与南山三区交会的阳台山，承载着深圳的绿色脉搏和红色记忆，也成为鲲鹏径第四段的必经之地。

▷

阳台山森林公园，作为深圳首个市级森林公园，以“阳台叠翠”跻身“深圳八景”之列

▽

阳台山（牌坊）。阳台山森林公园曾用名羊台山森林公园，2020年6月，经深圳市政府批准，恢复使用“阳台山”标准地名，公园名称也随之改为阳台山森林公园

阳台山的“台”，一为“山巅之南稍平，形若几案”，二为山系周边为丘陵台地。《说文解字注》中曾解释“山南曰阳”。《康熙字典》又曰“水北为阳”。阳台山位于岭南第一山罗浮山南约 110 千米，是东樵山（罗浮山）和西樵山的南延余脉。

每年初夏，木荷树满树洁白的花朵如雪般簇拥，形成一片别样的美景。漫步在树下，踩着飘落的花瓣，连脚步也变得轻盈。

▷
小径上满是木荷花瓣，踏步其中，感受春夏交替的温柔

从麻磡二号登山口沿山而上，通向叠翠景点的山脊两侧，木荷树以其坚韧的生命力，点缀着这片山地。木荷的含水量高达 40%，不仅是山火的天然屏障，更拥有独特的生命力。

鲲鹏径四段穿越这片绿意盎然的土地，你在这里踏过的每条曲径，都曾经在时空里发酵成悠远的史诗。漫步于此，我们在清新的山风中，轻松就能找到人与自然、历史、城市间最完美的契合。

◁
行走在阳台山里的游客。踏入这片山林，远眺，绿海层叠如画；近观，山峦起伏如诗

鲲鹏视界：

城市高地的“自然阳台”

△
阳台山的巅峰，海拔 587 米，是深圳西部的至高点

登临其上，云端漫过脚尖，珠江口与深圳西部的全景尽收眼底，此刻我们仿佛置身于城市的高空阳台。

站在这儿，拓荒牛雕塑、钢铁森林、湛蓝的大海……通通被镶嵌在这时空切片之中。当然，你也成为这壮丽风光的一部分。

△
阳台山环线步道经过的小阳台顶峰，海拔 465 米

当深圳湾的海风无数次拂过大阳台山顶，我们才发现其实连山体都在慢慢消逝和改变。人似乎生来对永恒有一种渴望。但遗憾的是，每一段旅程都会有终点，人生也是。

鲲鹏径，就像是一条在蚍蜉时光里雕刻出的闪亮银河。行走在这里，或许不能找到一劳永逸的答案，但至少能让我们暂时忘却困惑，更好地投入未来。

就像梭罗在《行走》中所说："这并不是单次、永不再现的美景，这样的美景会永永远远下去，未来无数的傍晚，都将鼓舞和抚慰行至此处的孩子，一想到此，我们会感动此景更为壮阔。"

▷
鲲鹏径第四段上的日落。余晖洒落在大地上，山川与天空交融成一片金色的海洋

△
环线步道蜿蜒在阳台山之中，沿途景色优美

我们为什么如此热爱登高望远？
因为开阔的视野，缤纷的草木，
徜徉的动物，天地间的日出日落，
星空云海，唤醒了深藏在
我们心底的"亲自然性"，
给予了我们——
宽广的美感和豪迈

生命物语:

这里为什么是蝴蝶乐园

扫码观看《光影魔术师》

阳台山的山谷地形形成多样的气候带，既有阳光充足的坡地，也有阴凉湿润的角落，适合不同种类的蝴蝶生存。谷中生长着大量蝴蝶幼虫爱吃的寄主植物和成虫采蜜的蜜源植物，形成完整的食物链。清澈的溪流提供水源，而相对封闭的地形则减少了人为干扰，为蝴蝶繁殖创造了适合的环境。

链接步道:

阳台山环线

38.5 千米的革命史诗

△
阳台山环线的起点：胜利大营救广场，英雄们曾在此并肩作战，共同守护这片绿色家园

阳台山地势险要，从 1938 年到 1945 年是东江纵队的重要根据地，为宝安地区的抗战起到非常重要的作用。1940 年 9 月，中共前线东江特别委员会部队干部会议决定，王作尧率领的第五大队留在宝安敌后，开创阳台山抗日根据地。

作为抗日战争时期的革命根据地，阳台山见证了“胜利大营救”的历史瞬间。在那个年代，阳台山为一大批文化界人士与爱国民主人士提供了避难之所，它保护了何香凝、柳亚子、邹韬奋、梁漱溟、茅盾等大批文化界人士及爱国民主人士，帮助他们撤离被日军占领的香港，安全抵达抗日大后方。从此，阳台山有了“英雄山”的美誉，成为深圳市革命老区之一。

△
芋荷塘村的水田

当风掠过花岗岩，英雄的故事仍然在耳边回荡；当你踏过地面，就像拆封时间的信笺。每一眼，都是对历史的缅怀；每一步，都是对自然的致敬。

▷
芋荷塘的卓氏宗祠。在抗日战争时期，卓氏宗祠曾是广东人民抗日游击队在阳台山的一处活动集结地

链接步道：

阳台山风步道

跟风一起“疯”

在深圳这座以速度著称的城市里，藏着一处让灵魂追风的秘境——风步道。这条长约 2.2 千米的步道，以“风”为引，以“疯”为趣，为都市人打开了一扇通往自然的诗意之门。

▷
步道上遇到一棵躺平的树，做一个躺平的人

跟昆虫一起写诗

潜叶虫咬过的叶子痕迹，
每一条都是独一无二的，
组合起来，
仿佛是它们书写的一首诗歌。

△
在风步道的秋千上，跟风一起"疯"的徒步者

从麻磡二号登山口拾级而上，石阶折叠成诗。木荷林在风中轻语，每片叶子都歌颂着这个城市的绿意。阳光倾泻，在地面抛洒斑驳光影。脚下，是光的韵律；眼中，是绿的合集。穿越木荷林，山风渐劲。风门坳上，视野豁然开朗。在这里，风是信使，将城市的喧嚣过滤，只留下最纯粹的美。

行走至此，可以放下手机，忘记 KPI，去掉班味。在这里，可以尽情追逐风的影子，品尝山风清凉；可以肆意奔跑，用衣角兜住整片跌落的晚霞。摄影爱好者捕捉风影，上班族挎上背包，孩子们与风拥抱，仿佛连心跳都开始模仿鸟儿振翅的频率。

在与山风的约会中，解开 2000 平方千米的紧绷，这或许是属于深圳人的独特治愈。

▽
风步道的解说牌。在步道上跟昆虫一起写诗。沿着潜叶虫书写的痕迹，在风中朗诵一首熟悉的诗歌

鲲鹏径五段

5/20

KUNPENG TRAIL

一条即将
打开的盲盒步道

答案，从来不在格子间；前途，不应困在天花板。

当城市天际还未浸染朝霞，鸟儿已在王京坑苏醒。鲲鹏径第五段便起于王京坑登山口，终于长岭陂地铁站，是连接阳台山、塘朗山、梅林山步道网络的重要纽带。步道从王京坑蜿蜒而上，穿过山谷果园径直迈向山脊，未来的大学城绿道将沿此山脊，如舒展的羽翼，向南延伸至梅林山和塘朗山。

漫步于此，正如置身大自然谱写的温柔诗篇。低矮的丘陵间，山势舒缓；城市建筑时隐时现，宛如梦幻蜃景。在最高观景平台，隐约可瞥见宁静深邃的西丽水库。步道经过多个如宝石般的山塘，这些曾默默为果园输送生机的水源，如今摇身一变成为鸟儿的乐园。步道一侧，南方科技大学的校园静静伫立；另一侧，长岭陂水库波光粼粼。在终点回望，连绵的梅林山与塘朗山如温柔城墙，将深圳中心城区拥在怀里。

出去走走，在深圳，越旷野，就越诗意。

鲲鹏径五段
KUNPENG TRAIL SECTION 5

路线长度
Length
10km

累计爬升
Accumulated climb
173m

难度系数
Difficulty level
★★

观景推荐

人文景观

◎ 建筑设施

西丽湖国际科教城绿道
观景月份 1月－12月
观景地点 Y K076-Y K093

◎ 文化艺术

南方科技大学
观景月份 1月－12月
观景地点 南方科技大学

自然景观

◎ 水文地理

长岭陂水库
观景月份 1月－12月
观景地点 长岭陂水库

儿童游乐区

西丽湖国际科教城绿

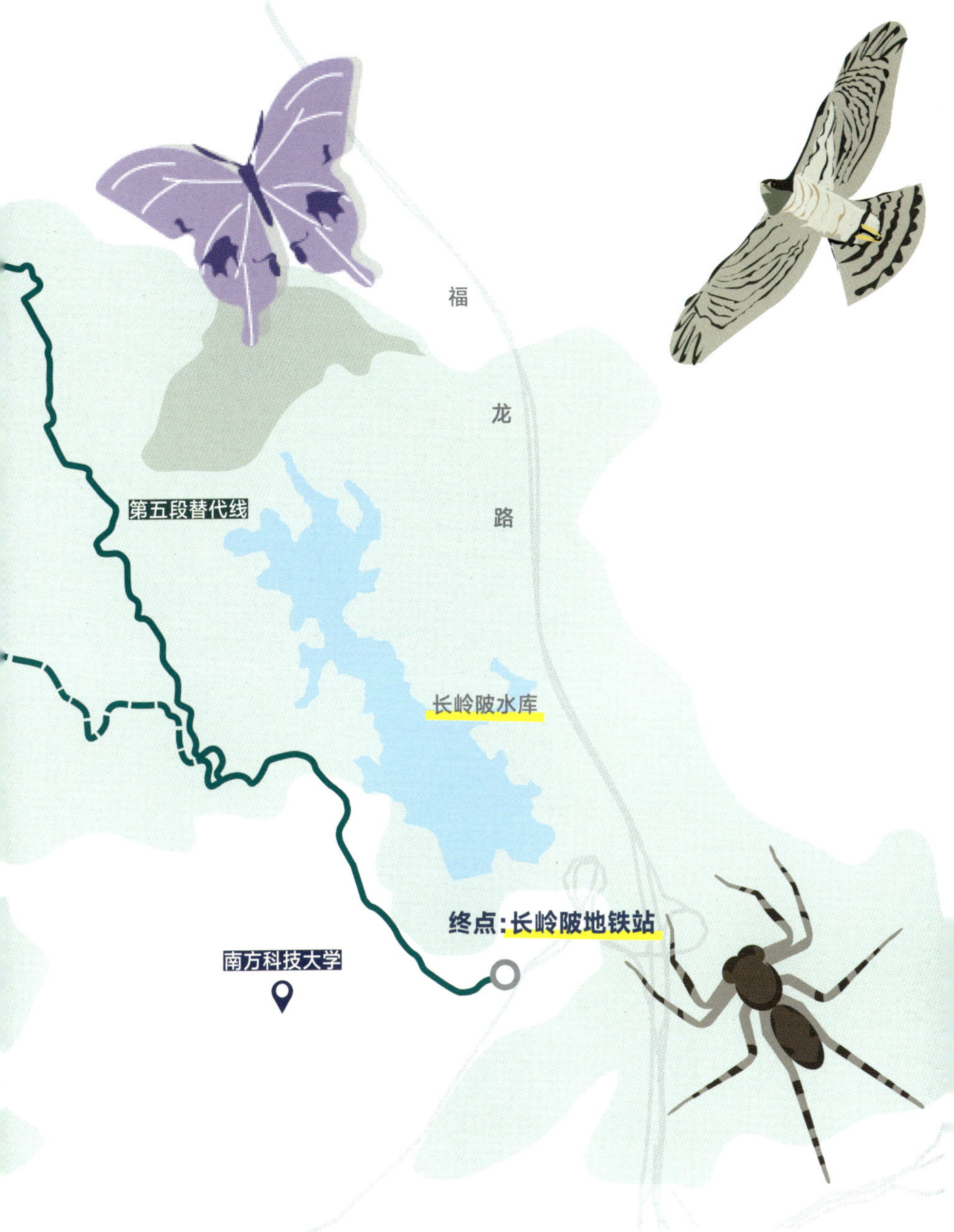

长岭陂水库

翠鸣堂

月光桥

鲲鹏径五段720度VR全景

五

行走笔记：

深圳人的压舱石

日光掠过深南大道时，塘朗山的桫椤正随风摇曳；第一盏路灯在科技园点亮时，长岭陂的涟漪刚好漫过无边青绿。

其实，这座城市最深的根基，不在于规划馆的沙盘，而在西丽水库清澈的波纹，在梅林山角落摇曳的含羞草，在步道缝隙中藏匿的月光……

回溯过去，我们从荒野走来，我们从荒野中创造着世界。

望向未来，我们更需要和荒野携手并进。

荒野，是深圳人身体的休憩地、心灵的庇护所，是深圳激荡巨变中的——压舱石。

荒野，用一切可能，滋养着深圳，也滋养着深圳人。

——鲲鹏径行走笔记

◁

阳光透过枝叶洒落在鲲鹏径五段的山林步道间，一群徒步爱好者穿梭于绿意盎然的山林小径，沉浸式感受自然野趣

沿途印记：

都市生灵的诗意栖居地

我们偏爱诗意。

有时，不是我们在刻意寻找诗意，仿佛是这诗意历经了沧桑，在城市里等着我们。

当林冠桥还弥散雾气，鲲鹏径像未完成的山水长卷，在山峦间徐徐展开；当晨光初醒时，“寻山问水”的哲学在月光桥下泛起涟漪；转过揽月岭的弧形步道，“傍山知林”的智慧在层叠中渐次苏醒……

在深圳，诗意像某种介入现实的凭据。我们借此，看见了时间的流动，看见了自己的倒影，也在这里诗意地栖居。

夜色垂落时，“登山阅城”的意境在自然教育中心的穹顶下达至圆满。

如果你行走在这条 10 千米的生态长廊上，或许你会惊觉：“这一切就像是上天的一场苦心安排。”

但这又是一种可以触摸的真实。这条宛如穿越时空的生态长廊，仿佛是一艘隐匿在城市中的方舟。从地衣到翠鸟，从流水到云巅，每个生命都在书写着生存史诗。

当我们踩着露水浸湿的台阶登上观鹭台，植被在清凉中斜切下一片青绿，昆虫在周围捉迷藏，鸟儿回头又飞走，就像猛然间参悟了什么……与其说我们在观察世界，不如说世界在向我们展开。

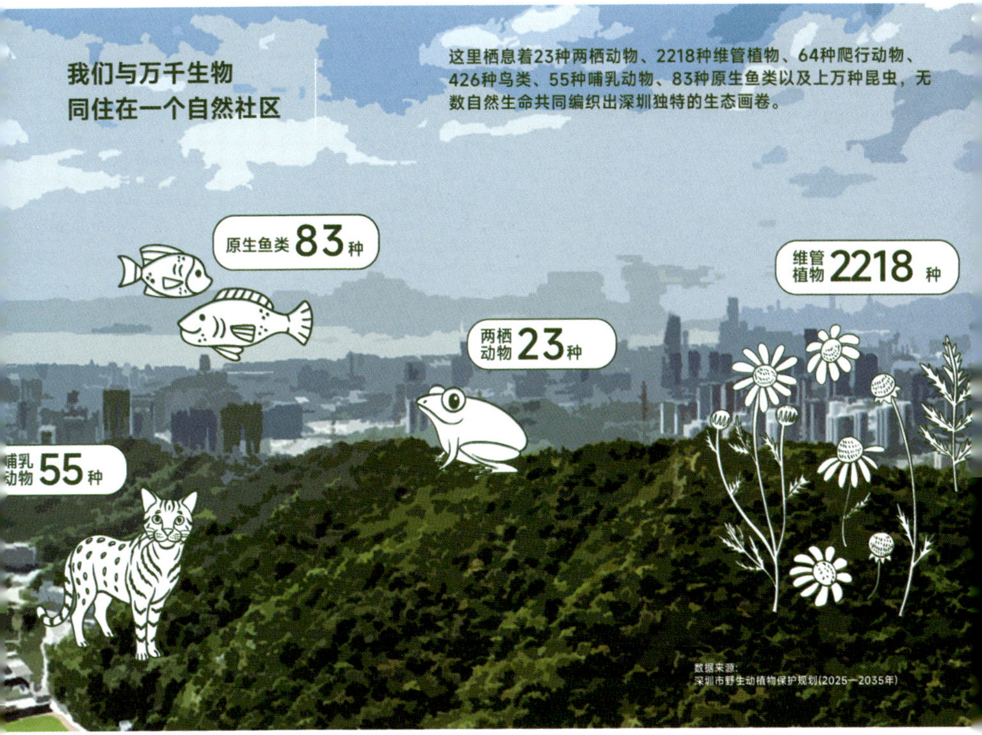

鲲鹏径六段

当我行走时，深圳是大地，
当我飞行时，深圳是天空，
当我游动时，深圳是河流……

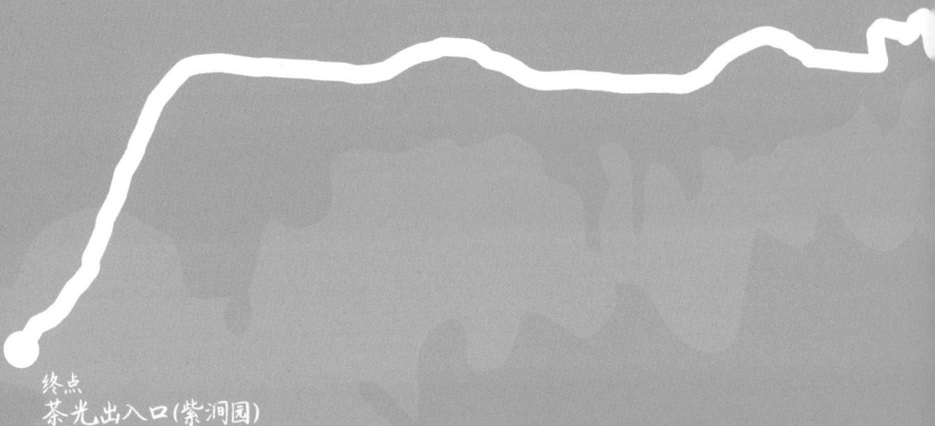

6/20

KUN PENG TRAIL

起点
长岭陂地铁站

如果要细数鲲鹏径哪一段最温柔、最深刻，第六段一定榜上有名。

鲲鹏径第六段沿着大沙河缓缓西行，从长岭陂地铁站到紫洞园，用最温柔平缓的坡度，托举每一个步行者的足履。首先，迎接我们的是南方科技大学和深圳大学的校园，漫步其中，仿佛时光倒流，那些捧着书本走过的少年，莫不是若干年前的你我？行至青春竞技场，大沙河的水面豁然开朗，赛艇正划破宁静的水面，那一圈圈激起的涟漪，像是为未来的世界冠军加冕。

白鹭和池鹭是大沙河的常客，这些“老渔民”捕猎的动作毫不花哨，但却总能满载而归。它们静静伫立，耐心等待自投罗网的鱼。

鲲化鹏，需要九天之气；人领悟，或许只需在大沙河走上 8 千米。在这里，我们掠过茂盛生长的风车草，路过专注觅食的白鹭，踩过散落的尘泥，回忆风华正茂的年少。我们行走，我们沉思，我们的每一步，构筑成了此刻的自己。

鲲鹏径六段
KUNPENG TRAIL SECTION 6

路线长度
Length
8km

累计爬升
Accumulated climb
0m

难度系数
Difficulty level
★

观景推荐

人文景观

◎ 建筑设施

青春竞技场

观景月份	观景地点
1月—12月	Y K102-Y K104

◎ 文化艺术

西丽湖国际科教城

观景月份	观景地点
1月—12月	Y K094-Y K104

南方科技大学

观景月份	观景地点
1月—12月	Y K094-Y K098

深圳大学(丽湖校区)

观景月份	观景地点
1月—12月	Y K098-Y K099

北京大学深圳研究生院

观景月份	观景地点
1月—12月	Y K102+100M

清华大学深圳国际研究生院

观景月份	观景地点
1月—12月	Y K103+100M

哈尔滨工业大学深圳校区

观景月份	观景地点
1月—12月	Y K103+100M

自然景观

◎ 水文地理

大沙河生态长廊

观景月份	观景地点
1月—12月	Y K094-Y K108

九祥岭湿地公园

观景月份	观景地点
1月—12月	Y K106+100M

◎ 生物景观

池鹭

观景月份	观景地点
1月—12月	全段

白鹭

观景月份	观景地点
1月—12月	全段

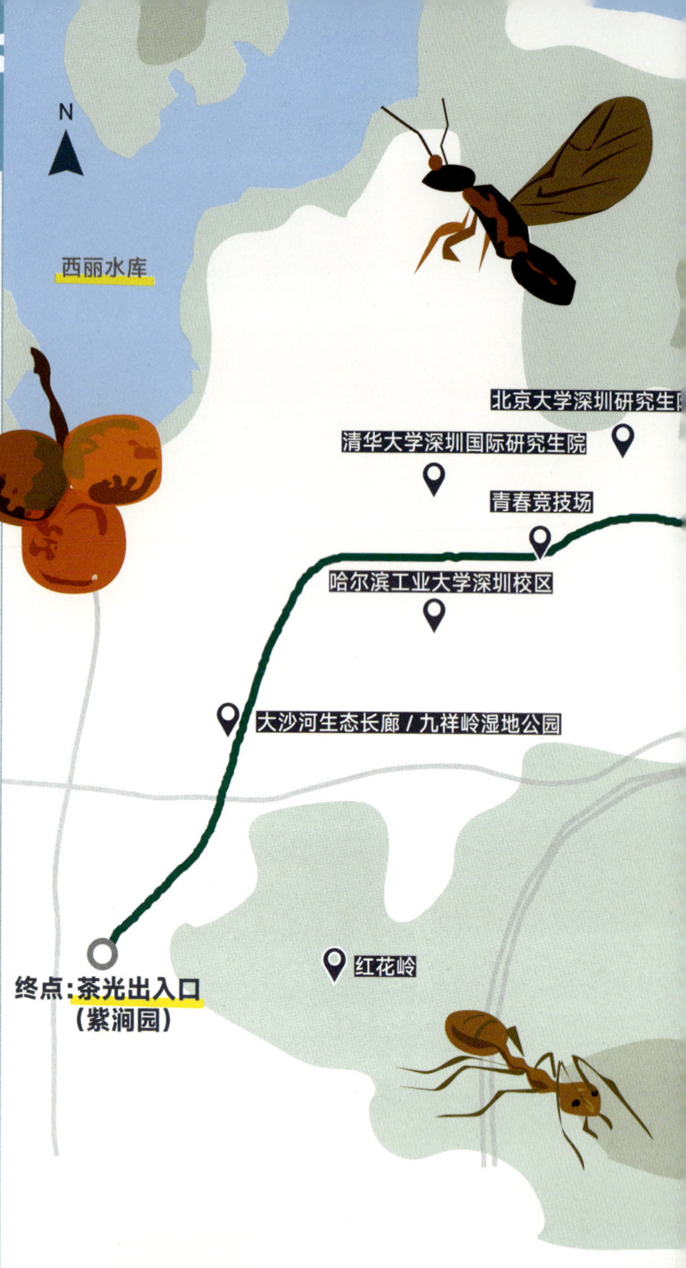

清华大学深圳国际研究生院

南方科技大

遇见茶室

大沙河生态长廊

深圳大学（丽湖校区）

鲲鹏径六段720度VR全景

六

行走笔记：

我们无法两次踏入同一条鲲鹏径

有哲人说:“我们无法两次踏入同一条河流。”

对于鲲鹏径来说,未尝不是如此?

那些自由生长的野草,那些肆意飞翔的蝴蝶,那些潮涨潮落的海岸,那些自由流淌的小溪……

我们就在这里,鲲鹏径就在这里,但时间推移,我们已不是昨天的我们,鲲鹏径也不是昨天的鲲鹏径。

一切皆流,无物常驻。一切的一切,都在提醒着我们,这是一种时时刻刻在变化的流动诗意。庆幸的是,我们全程都在参与。

——鲲鹏径行走笔记

◁
在大沙河的粼粼波光旁，爸爸温暖有力的大手，紧紧包裹着小朋友稚嫩的小手。他们的步伐不紧不慢，阳光为他们镀上一层暖光，拉长的影子在地面亲昵相依

沿途印记：

流淌的城市记忆

鲲鹏径第六段途经大沙河生态长廊，连接多所高校及多个高品质的城市公园，让你在蓝绿之间享受滨水漫游的徒步体验。

大沙河从阳台山的缝隙中涌出。这是一条深圳的时光之河，夹杂着微凉的山风，混合着丛林的私语，又裹挟着城市灯火的气息，一路向南，奔向大海。这么多年来，这条河看着城市的日新月异，看着来来往往的深圳人成功、失败、欢呼、叹息，它就如此默默流淌，独自消化所有开心与不开心，好像在无声说着："一切坚固的东西都烟消云散了，去做就是了。"

"大沙河是一条深刻的河，
思想是潜在水底的鱼；
当鱼儿游进水草，
就化作了点点荧光；
当鱼儿跃出水面，
就变成了惊异的闪电。"

▷
大沙河生态长廊，似城市绿轴。河水悠悠，桥梁点缀，两岸建筑与葱茏绿意相映成趣

大沙河的上游，静静地穿行于大学城片区，河水与学府相依，仿佛一条思想的河流，在知识的沃土中缓缓流淌。这里是“学院之道”，河水与书香交织，湿地花园、露天剧场、研理平台如繁星点缀其间。

▷
大沙河波光粼粼，穿流而过，为哈工大校区增添了一份灵动与活力

大沙河的中游，两岸腹地开阔，流经多个居民区，与大冲公园、大沙河公园、塘朗山、九祥岭湿地公园等生态绿地相互串联。这里是“城市森林”里一片隐匿于喧嚣中的静谧绿洲。

◁
大沙河中游生态绿地里生活着许多鹭鸟

大沙河的下游，从深南大道一路延伸，径直奔向大海，与深圳湾公园自然衔接。这里是“活力水岸”，宽达 50 米的河面宛如一片开阔的蓝色舞台，成为赛艇、龙舟等水上活动的理想场所。河水在这里与海洋相拥，激荡起青春与激情的浪花。

▷
落日下的大沙河入海口

河流是一座城市的灵魂，大沙河便流淌着这座城市的记忆与憧憬。深圳从边陲小镇到具有全球影响力的国际化大都市的历史性跨越，都映照在大沙河清澈的河水中，刻画成永恒。

链接步道：

大沙河生态长廊

思想是水底的鱼

深圳的310条河流中，大沙河是一条“智慧之河”，13.7千米长的河畔坐落着九所学府。

▽
大沙河生态长廊沿途坐落的学府

△
航拍活力海岸。
大沙河生态长廊分为学院之道、城市森林和活力海岸三段

在这条步道上，思想是水底的鱼。当鱼儿跃出水面，阳光、月光和星光，还有我们的目光，都会照在它们身上，照亮这座城市的智慧与梦想。

鲲鹏径七段

行走在山脊线上，
尝试着聆听
山、海、城的对话

7/20

KUNPENG TRAIL

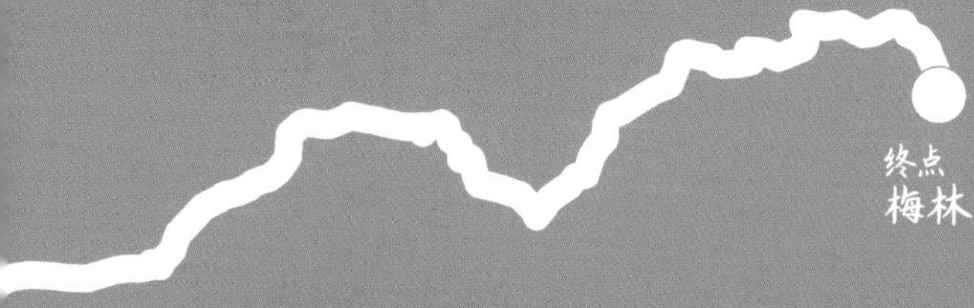

漫溯，从大沙河碧道向山林漫溯，我们来到了鲲鹏径第七段。

鲲鹏径第七段从茶光出入口(紫涧园)出发，到梅林水库绿道涂鸦墙，8.5千米的路途，从自然步道延展到盘山公路，最后在百尺天梯上踏上台阶步道，实际上是深圳山海连城的折叠。

在这段旅程中，景色丰富程度达到了令人惊叹的程度，赏荔亭、陶然亭、极目阁引领着你攀登；远眺，蔚蓝的深圳湾、活力的科教城与香港北部的风景，在山风的调和下更显得和谐；行至梅林水库绿道涂鸦墙前，烟火气把这山海连城的风景编织进眼里。这是来自城市的生动和惊喜。

鲲鹏径七段
KUNPENG TRAIL SECTION 7

路线长度
Length
8.5km

累计爬升
Accumulated climb
643m

难度系数
Difficulty level
★★★

观景推荐

人文景观

◎ 建筑设施

紫涧园
观景月份 1月一12月
观景地点 Y K108+100M

赏荔亭
观景月份 1月一12月
观景地点 Y K115+300M

陶然亭
观景月份 1月一12月
观景地点 Y K116

百尺天梯
观景月份 1月一12月
观景地点 Y K116+300M

极目阁 / 塘朗山最高点
观景月份 1月一12月
观景地点 Y K117

双峰竞秀
观景月份 1月一12月
观景地点 Y K118+300M

无暑平台
观景月份 1月一12月
观景地点 Y K119+400M

无暑清凉
观景月份 1月一12月
观景地点 Y K120+200M

储云屿
观景月份 1月一12月
观景地点 Y K121+200M

自然景观

◎ 生物景观

油茶
观景月份 10月 一 翌年2月
观景地点 Y K114-Y K121

猕猴
观景月份 1月一12月
观景地点 Y K115±100M

红花岭观景点
观景月份 1月一12月
观景地点 Y K110+100M

红花岭观景点

极目阁 / 塘朗山最高点

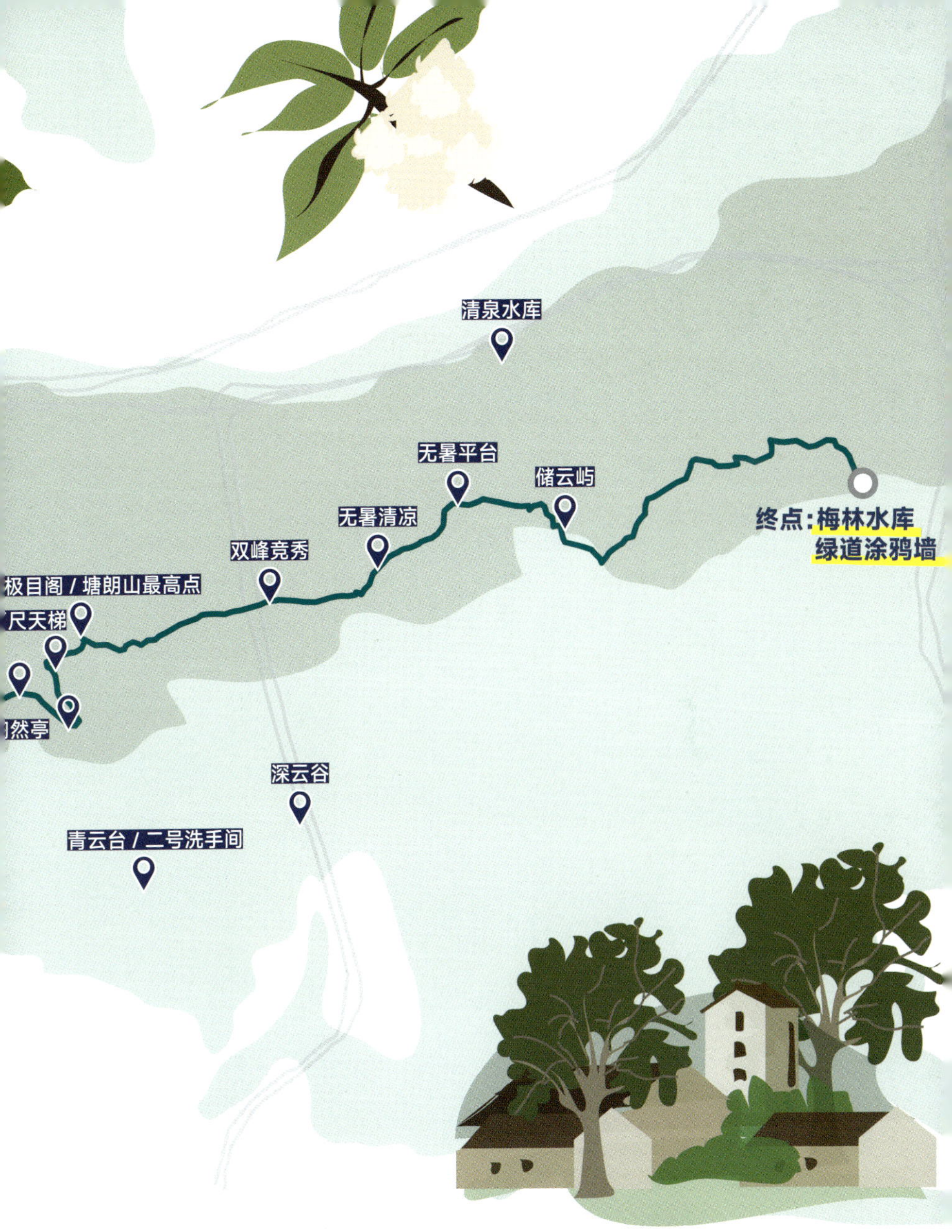

紫涧园

百尺天梯起点

赏荔亭

鲲鹏径七段720度VR全景

七

行走笔记：

青山依旧，万象更新

绿意盎然的山峦与林立的高楼交相辉映，远处水域波光粼粼，山海城景尽收眼底

鲲鹏径第七段蜿蜒穿越深圳的“中央山脉”——雄伟壮丽的塘朗山脉。

塘朗山，巍峨的山势与苍翠的林木交相辉映，宛如一道天然屏障。当年设置“二线关”时，正是借用了塘朗山得天独厚的地形优势，沿着这条山脉，巡逻小径悄然铺开，成为那个时代独特的地理标记。

塘朗山以南，是深圳经济特区；塘朗山以北，是昔日“特区外”，工厂林立，以制造业为主。而今，南北两侧的发展早已没有从前那样大的差异。

这条山脉，正如一条历史脉络，静静诉说着南北两侧的发展轨迹，将时间的流逝，埋进斑驳的树荫里。

漫步于此，仿佛还能听见岁月低语。40多年来，青山依旧，绿水长流，只是树已长大，城市已万象更新。

——鲲鹏径行走笔记

沿途印记：

都市里的生命方舟

扫码观看《鲲鹏径七段》

路是一步一步走出来的。

在繁华喧嚣的都市里，塘朗山宛如一艘停泊的生命方舟，托起一片葱郁的伊甸园。在时间的雕琢下，这座山愈发散发出独特的魅力。那些勇敢而纯粹的户外自然探险者，在这绵延的 8.5 千米山脊中，精心探出了一条徒步路线，并为其赋予了一个温暖的名字：“方舟自然研习径”，即如今的鲲鹏径第七段。

这条步道横贯整个塘朗山脊，这里没有水泥与柏油，没有机车的轰鸣；有的只是被树叶筛选的阳光，被蝴蝶翅膀搅动的山风，以及万物生长的痕迹。

△
俯瞰塘朗山，绿意绵延，山峦起伏似绿色波浪。鲲鹏径第七段，像一条隐秘的生态纽带，串联起山间的野性与城市的文明。行走于此，不仅是对自然的探索，更是对深圳本土生态与历史文化的深度走读

塘朗山径，塘朗山自然学校的老师带着一群游客漫步其间，探寻自然之美，尽享山野间的悠然时光

塘朗山这艘巨大的生命方舟，栖息着600多种野生维管植物，每一束花、每一片叶，都在诉说着生命的多样化。沿途的导览牌时刻提醒着我们，猕猴、豹猫、野猪、蟒蛇等神秘动物，或许正在某处注视着你。林鸟翩跹、昆虫低鸣，这些生灵以独特的方式陪伴着你。夜幕降临，地面亮起斑驳月光，这里又化作一个超越想象的奇幻世界。行走在塘朗山，每一步都精准踏在时间上，就像亲手翻开大自然演化的笔记，逐字逐句阅读。

△
在塘朗山里，一块科普牌倚石而立，诉说着豹猫这位山林王者的故事

△
塘朗山林间，树干之上，“猕猴出没，请勿投食！”的标牌醒目而立，提醒着人们与自然文明相处，守护这片山林的生态秩序

在茶香登山径上，沿途栽种着一片茂盛的油茶林。油茶作为中国独有的经济树种，栽培历史可追溯至2000多年前，早已与这片土地融为一体。每当花季来临，洁白的花朵如星星点缀在绿叶间，散发出一缕缕清幽的香气，令人心旷神怡。

鲲鹏径第七段不仅是一条徒步路线，更是一座城市的生态课堂。它让深圳人在行走中认识在地的自然生态，不断推动自然教育的发展，不断提升城市文化的建设水平。也让我们意识到，荒野的真正含义。

◁
洁白的油茶花悄然绽放，鹅黄花蕊点缀其间

鲲鹏视界：

湾区天际线上的共生之眼

峰回路转，到极目阁，极目远眺！在鲲鹏径第七段，海拔430米的极目阁，就像是山海与都会的临界，是自然与城市流动的琴键。此刻360°转身一圈，你会发现，这座超大型城市的一切，就围绕在你脚下与周身。

凭栏南望，可俯瞰深圳湾、香港北部片区，转身向北，可远眺西丽科教城，龙华、宝安片区。眼前郁郁葱葱的山林，远处中心城区地标建筑、交通动脉及大沙河、深圳湾、香港无缝衔接，山海相连的视觉通达，让人心旷神怡。

当你伫立在极目阁，视野豁然开朗，俯瞰山海环抱的城市，你或许会领悟另一种世界观——那些摩天大楼并非征服自然的冰冷丰碑，而是扎根于沃土的枝丫，就像大自然汇聚的岁月之钟，流光溢彩，生机勃勃。当纤小甲虫的羽翼，与南山的璀璨灯光交相辉映，你会懂得深圳的浪漫：在这里，再微小的生命，也能拥有无限生机。

香
，
部

塘朗山之北

红花岭山顶观景点 · 北

南山区地形北高南低，由南向北逐级升高，延绵的山峰有塘朗山、阳台山、大南山，河流水库星罗棋布。狭窄的平原上，汇聚着深圳最密集的高新产业与大学。在塘朗山上看南山区，更能领略到科技力与自然力、绿水青山与金山银山的完美融合。

塘朗山之南

红花岭山顶观景点 · 南

南山区的东南部是半封闭的浅海湾与海岸平原，与中
港隔海相邻，拥有全中国唯一地处市中心的国家级自然保护
是深圳唯一全域全年禁渔的海湾，同时还有建设中的超级
基地，是深圳最壮美的城市天际线之一。

塘朗山巅，极目阁栖于层叠绿意之间。
仰望，蓝天白云舒展悠然；
俯瞰，城市建筑群与葱茏山峦相映成趣
▽

生命物语:

深圳的“孙悟空”猕猴

塘朗山时常有野生猕猴的身影，从盘山公路到主峰塘朗峰，再到茶香径两侧的浓密树林，这些人类的“亲戚”猕猴们在这片山野间自由穿梭。而行走在鲲鹏径第七段的孩子们最喜欢的探险，莫过于在步道上寻觅这些“深圳版的孙悟空”。

△
于高空俯瞰塘朗山，翠色如涛，绵延无尽

△
看，这只塘朗山上的猕猴，稳稳地坐在树枝上，眼睛滴溜溜地瞧着

猕猴与人类的基因相似度高达 97.5%，它们是人类的“远戚”，是人类在进化长河中的同行者。因为选择的不同，以及不到 3% 的基因差异，人类创造了璀璨的文明，而猕猴则在山野间用爪子捕捉过往的季风。从驯养到实验，从买卖到保护，猕猴的命运与人类紧密交织。

从猕猴的身上，我们未尝没有照见那个时间长河中已走远的自己。

扫码观看《等级森严的母系社会》

在中国的《国家重点保护野生动物名录》中，猕猴被列为国家二级保护动物；在《中国濒危动物红皮书·兽类》中，它们被列为易危种。

近年来，越来越多的市民慕名前往塘朗山，想要一睹猕猴的风采。然而，与这些山野精灵相遇，需要遵循自然的礼仪。塘朗山的植被资源丰富，有充足的天然食物供猕猴取食，因此完全不需要游客投喂。投喂不仅会改变它们的饮食习惯，还可能引发攻击性行为，威胁游客的安全。观猴时，请保持 2 米以上的距离，用眼睛记录它们的美，而不是用手去打扰它们的生活。

△
聪明的同族。灵长类动物中的猕猴、猩猩和人类，脑袋和身体的比例比其他动物要大，脑袋里用来“思考”的大脑也特别大

△
好奇：猕猴是好学的动物，可以模仿人的动作

◁
欢乐：和人类一样，年幼的猕猴总是无忧无虑，时时刻刻都在嬉戏打闹中

◁
警觉：除去巨蟒之外，内伶仃岛上的猕猴基本上没有天敌，它们的敌意常常是对着其他猴群而发

◁
友善：互相理毛的猕猴。猴子们常见的友好行为是相互梳理背部、头部等自己难以梳理的部位

◁
恐吓：猕猴用张嘴、露齿发出威胁恐吓，伴随着四肢直立，尾巴翘起

鲲鹏径上的猕猴在提醒着我们：或许人类是地球上最智慧的灵长类，但人类却并非自然的主宰和征服者，而是生态网络中的一员。保护猕猴，不仅是保护一场穿越 2500 万年的缘分，更是保护我们与自然的连接。

链接步道：

塘朗山青松步道

放轻松，常自在

塘朗山青松步道是鲲鹏径第七段的下撤路线，也是南山区疗愈减压步道系统中首批打造的精品步道。步道起点是深云地铁站 B 口，终点是梅语亭，步道全长约 3.7 千米，两旁是葱翠的松树林，“青松”与“轻松”谐音，希望身心紧绷的深圳人能够在这条步道上放松心情，享受悠闲自在的时光。

Take easy！行走在青松步道，喧嚣仿佛被松针过滤了一般。而风穿过树叶间，与鸟鸣一起，混合成自然的立体音，向每个人的心底传递。在这静谧的时光里，白日梦自然而然地生长，心灵也随之轻盈。

△

塘朗山青松步道入口。

拾级而上，开启一场轻松愉快的自然之旅

▽

步道的“听一听”互动装置。

阳光斑驳洒落，一起听一听自然的低语

步道旁，苍劲的松树展开双臂，仿佛在向你发出殷切的邀请，盼着你依靠在它的怀里。路旁的蜗牛缓慢爬行，提醒着我放慢匆匆步履。此刻松风阵阵，细细想来，我们已经如蚂蚁般勤勉努力，何不在这青松之下，卸下疲劳，闭目凝神，任由思绪随风轻扬，做一场无拘无束的梦？

△
在塘朗山的葱茏绿意间，游客惬意地躺于“做个白日梦吧”互动装置，沉浸于自然的悠然氛围

正如一位通透的前辈所言：“做人呐，最重要就是开心啦！”在这条步道上，我们终于找到了那份久违的轻松与自在。当我们抵达步道倚翠亭时，心中已满是宁静与满足。

行走塘朗山青松步道，不仅是一段徒步之旅，更是一段心灵的旅程。在这里，我们放慢脚步，聆听自然，找回内心的平静与快乐。让我们在这片青松林中，放轻松，常自在，享受生活的美好。

▷
倚翠亭隐现于繁茂林木间，翘角攒尖，红柱楹联，似在邀人稍作休憩，共赏山林静谧之韵

鲲鹏径八段

起点
梅林水库绿道涂鸦墙

在深圳的中轴线上，
看见了沧海桑田的变迁

8/20

KUN PENG TRAIL

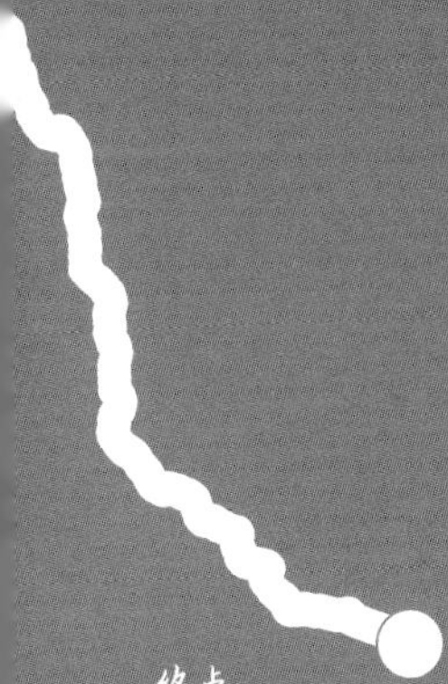

启程。这一次，我们避开人群，在山林间感受沧海桑田。

在鲲鹏径第八段的起点，梅林水库绿道的涂鸦墙带着深圳人野性的想象，奔向行人的眼睛。这段步道一路翻越梅林山、银湖山，最终到达清水河入口，与第七段共同组成了“银梅塘茶”穿越线。

那条驮着历史车轴的梅林古道，如今也完美融入郊野远足径。若是一路向东，可以攀上梅林山山脊。步道旁的木荷在春日的雾霭中，将行人的脚印染成诗句。在开阔地带，我们可以将城市高楼与荒野自然一起纳入眼底，此时不禁自觉渺小，又惊叹沧海桑田。

在梅林山与银湖山之间，鲲鹏径一号桥将两山相连，桥上暗藏的红外镜头曾捕捉豹猫灵活的身影，这是人类与自然签下的友好约定。进入银湖山，自然小径和步道自由切换。当暮色倾泻，银湖便像一块流动的金色玻璃。爬上仙女峰，远山若即若离，在水墨勾勒中，衔住缓缓下沉的落日，在每一个行人的心里，戳上了一个温暖的印章。

鲲鹏径八段
KUNPENG TRAIL SECTION 8

路线长度
Length
13km

累计爬升
Accumulated climb
734m

难度系数
Difficulty level
★★★★

观景推荐

人文景观

◎ 历史遗迹

二线公路
观景月份 观景地点
1月一12月 YK124+300M

铜鼓钮军事碉堡遗址
观景月份 观景地点
1月一12月 YK148+400M

◎ 建筑设施

梅林水库观景平台
观景月份 观景地点
1月一12月 YK126+100M

鲲鹏径一号桥
观景月份 观景地点
1月一12月 YK136

黄竹园(一脚踏三区)
观景月份 观景地点
1月一12月 YK138+400M

仙女峰观景台
观景月份 观景地点
1月一12月 YK148

◎ 文化艺术

梅林水库绿道涂鸦墙
观景月份 观景地点
1月一12月 YK124+300M

自然景观

◎ 地质地貌

虚静石
观景月份 观景地点
1月一12月 YK128+200M

白眉石
观景月份 观景地点
1月一12月 YK129

飞来石
观景月份 观景地点
1月一12月 YK129+400M

大脑壳
观景月份 观景地点
1月一12月 YK132+400M

◎ 生物景观

山鸡椒
观景月份 观景地点
2月一3月 YK146-YK149

二线公路

鲲鹏径一号

铜鼓钮军事碉堡遗址

梅林水库

飞来石

鲲鹏径八段720度VR全景

八

行走笔记：
整个城市为你闪烁

你大概平时也很忙吧？

或许你时常在地铁里繁忙地处理工作；或许你时常伴着万家灯火独自回到房间；或许你在周末不知不觉在网上冲浪了好久，而窗外的阳光正好、微风不燥。试想想，你有多久没有好好地欣赏你生活的城市了？

抛开昨天的烦恼，用轻盈与本真朝向这个城市，去林间呼吸，去山顶远眺，去荒野碰撞……你会发现，整个城市在为你闪烁。

深圳的快速发展，城市的沧海桑田，让我们时常感到如蚍蜉一般寄生在这广阔天地间。打住，别执着追问意义，多去追问感受与选择，去动身，去投入。不说了，周末一起去爬山吧！

——鲲鹏径行走笔记

▷
在鲲鹏径八段俯瞰葱郁山峦，远方都市楼宇林立，山海城景在此交融

沿途印记：

深圳中轴
都市阳台

梅林山南望

梅林山位于深圳中轴线上，分布着多处视野开阔、景象壮美的观景高地，形成天然的城市阳台。站在城市阳台之上，俯瞰繁华绚丽的都市城区，丛林覆盖的山地丘陵和明镜似的水库，愈加让我们领略到家园城市的多样之美。

梅林山郊野径串联起塘朗山郊野公园与银湖山郊野公园，是深圳中心区最接近自然山林的步道，多样的步道环环相扣，是深受市民喜爱、健康身心的慢行系统。

生命物语：

留出“十分之九”通道给自然邻居

梅林山与银湖山，是深圳市中心最大的山林绿地组团。它们像两位稳重的守护者，筑起一道生态保护屏障，建起无数生灵的家园。

△
鲲鹏径一号桥

△
扫描二维码，看穿桥而过的豹猫

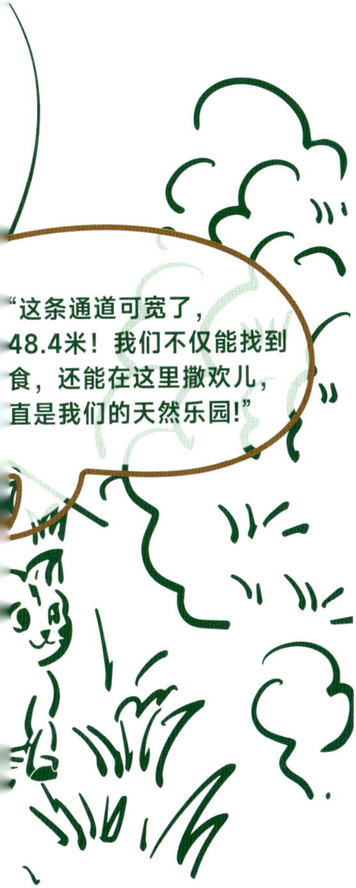

没有通路就增加了危险，没有连接就失去了和谐——直到鲲鹏径一号桥出现。这条生命的空中廊桥，将鲲鹏径与野生动物通道融为一体，重新连接了两座山体。荒野，常有裂缝；人间，渴求连接。

在鲲鹏径一号桥开通后的第 23 个午夜，红外监控仪捕捉到一只豹猫悄然穿越桥面。那一刻，仿佛时间静止，两座山体之间的野生动物开始“串门”了。豹猫的身影在夜色中轻盈如风，仿佛是大自然的信使，让我们看到生命之河奔腾不息。

桥上人行步道仅占十分之一，其余空间悉数复刻山林本色，为自然生灵迁徙铺就了一条专属的绿色通道，行云流水、悠然自在。

2024 年，鲲鹏径一号桥已经记录到数百次的野猪、豹猫等动物穿行，这条绿色通道成了野生动物常态化穿行的回家路。

◁
留出“十分之九”通道给自然邻居，守护生态和谐

链接步道：

五园连通步道

连生态，链生活

在深圳，一口气可以逛五个公园！

鲲鹏径，从不孤独。五园连通步道，一端连接着深圳中心区的千家万户，另一端牵系着城市的五大公园——梅林山公园、银湖山郊野公园、笔架山公园、中心公园和莲花山公园。你本遁入原野，却又走向公园，或者换一种说法，我们本身就生活在一个巨大的公园里。这条步道将活力商圈和幸福社区串联成片。生态、生活、生产、生命，从未如此融合交织。“走得进山、亲得近水、赏得了城”，在福田，中部公园群的贯通率先得到了实现。

在五园连通步道，孩子们奔跑的足印，化作一个个跳跃的句点，丰富着这座城市的童真。孩子们观察叶脉曲折，倾听虫鸣鸟啼，触摸青草地衣，追逐蝴蝶的轨迹，倒也顾不上衣角是否被叶片染上青绿。在这里，他们从小与世界建立联系，种下某种生命和谐的种子。

星河丹堤
银湖山郊野公园
大脑壳观景点
梅林山－银湖山
生态廊桥
山公园
公园
梅坳登山口
银湖山郊野公园南门
连接
塘红岗公园
笔架山公园
笔架山公园
映翠亭
笔架山南入口
深业上城
莲花山公园
莲花山东北口
邓小平同志塑像
红荔路入口
市民中心
中心公园
深南大道入口
滨河大道入口

链接步道：

二线先行步道

深圳的前世今生

二线先行步道是深圳历史上“二线”巡逻道的一部分。

1985 年 3 月，深圳经济特区与非特区之间的管理线建成，全长 83 千米。相对于深港边界线（一线），特区管理线被称为“二线”。

△
掩映在绿荫中的二线先行步道。二线先行步道南侧的梅林水库是水源保护地，北侧梅林山是生态控制线里保护区域。步道也成为多样物种出没的生态廊道

1985 年建成的深圳经济特区管理线（二线）由高 3 米的铁丝网、花岗岩石板铺设的巡逻道、隔 200 米一个的执勤岗楼以及居民耕作口、公路检查站、海关查验场组成。

◁
20 世纪 80 年代的“二线”景象。深圳经济特区管理线的设立，标志着深圳正式进入“两地（关内、关外）三证（特区身份证、暂住证、边防证）”时代

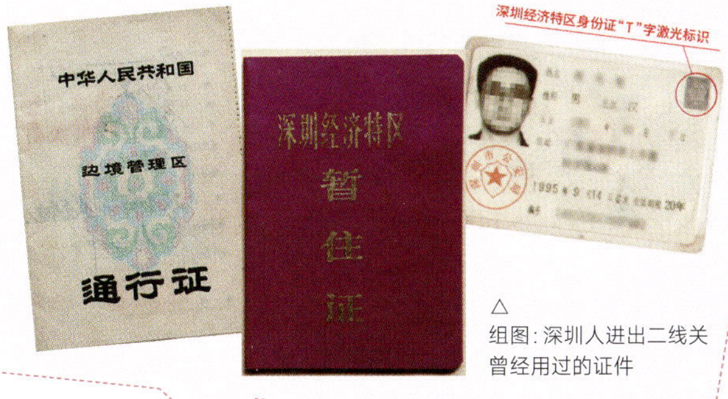

△
组图：深圳人进出二线关曾经用过的证件

△
梅林水库至长岭陂水库的巡逻道，在 80 多千米的“二线”中保存得最为完好，已成为深圳郊野径中的一部分

△
“二线”俯瞰中心区的观景台。当年铁网隔离、岗楼林立、戒备森严的巡逻道，如今已是徒步者喜爱的户外路线

早年，迁徙而来的深圳人大都曾有相同的经历：手持边境通行证进入深圳，在深圳落脚后办理暂住证，随后努力将户口迁入深圳，拿到带有“T”字激光标识、可以自由进出“二线”的深圳居民身份证。

时光荏苒，世事变迁。2000 年后，“二线”的功能逐渐消退。2018 年，《国务院关于同意撤销深圳经济特区管理线的批复》发布，“二线”正式退出历史舞台。

“二线”铭刻着这个城市的历史，承载着深圳人的集体记忆，是深圳改革开放珍贵的历史遗迹。

鲲鹏径九段

慢品人间烟火色，
闲走万步岁月长

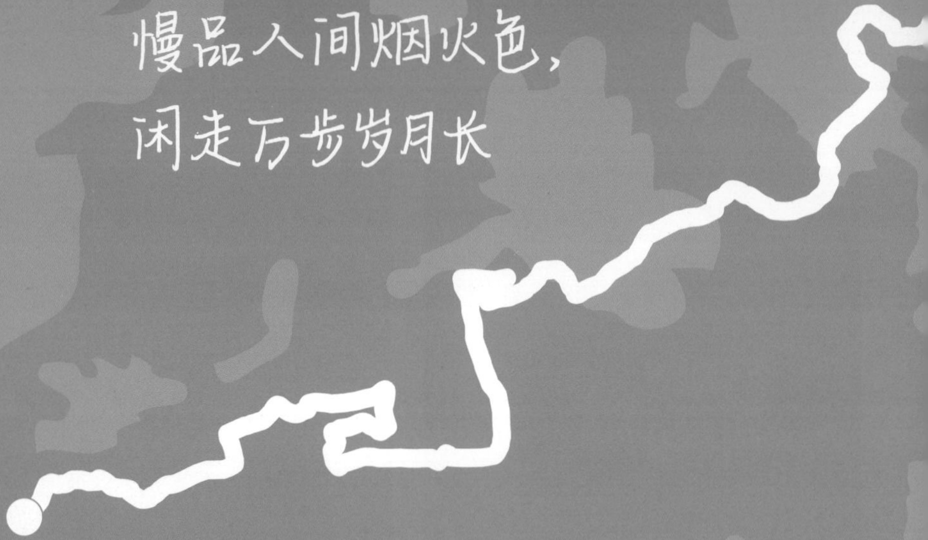

起点
清水河入口
(武警医院登山口)

9/20

KUN PENG TRAIL

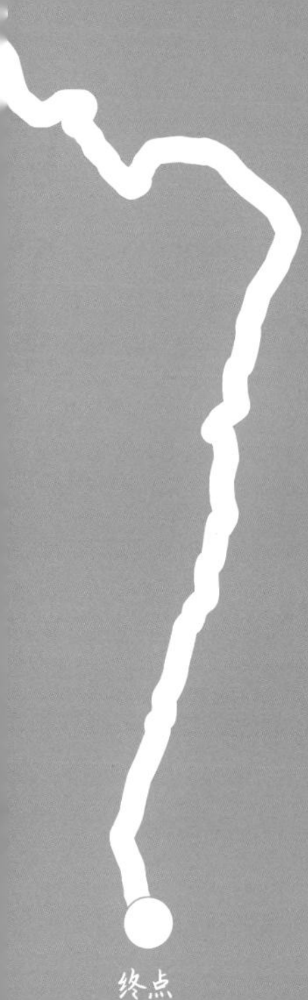

书店里的猫，饭馆里的雾，隔着玻璃，还有行走着的你。

从清水河入口出发，途经红岗公园、围岭公园、布心山郊野公园，最终抵达东湖公园，鲲鹏径第九段一头扎进人间烟火气里。这一段穿越在中心城区和郊野之间。脚下的路，似乎牵引着你，不断去发现这个城市的烟火。

进入红岗公园，遛鸟的大爷正悠闲地聊着家长里短；有人趁着树荫正摆开棋局；穿着校服的同学匆匆走过，只留下一阵搅动的空气。在东马岭山顶，坚固的碉堡见证了那段沉痛的历史，提醒我们勿忘国殇。跨越广九铁路，火车偶尔呼啸，这条晚清时期修建的古老铁路，仍运作至今。登上布心山顶，罗湖最繁华的景象尽收眼底，这是40多年经济特区发展的印记……

在鲲鹏径第九段，你抬头看看天，太阳便会把绽放的时间提前。

鲲鹏径九段
KUNPENG TRAIL SECTION 9

路线长度
Length
11km

累计爬升
Accumulated climb
292m

难度系数
Difficulty level
★★

观景推荐

人文景观

◎ 历史遗迹

红岗东村侵华日军军事设施遗址
观景月份 1月—12月　观景地点 红岗公园

围岭公园军事碉堡遗址
观景月份 1月—12月　观景地点 围岭公园

广九铁路
观景月份 1月—12月　观景地点 洪湖立交桥

◎ 建筑设施

红岗公园
观景月份 1月—12月　观景地点 红岗公园

围岭公园
观景月份 1月—12月　观景地点 Y K161-Y K163

布心山山顶观景平台
观景月份 1月—12月　观景地点 Y K167

翠湖文体公园
观景月份 1月—12月　观景地点 Y K169

鲲鹏径二号桥
观景月份 1月—12月　观景地点 红岗公园

鲲鹏径三号桥
观景月份 1月—12月　观景地点 红岗公园

红岗东村侵华日军军事设施遗址

围岭公园军事碉堡遗

红岗东村侵华日军军事设施遗址

围岭公园

红岗公园

鲲鹏径九段720度VR全景

九

行走笔记：

遇见深圳的过去与未来

△
20 世纪 60 年代深圳前身宝安县城区全景

△
2025 年的罗湖

深圳，没有虚无的立锥之地。

只要漫步在鲲鹏径第九段，你便能感受到时代的脉搏频率。放眼望去，一座城市从无到有、从寂静到繁华、从荒漠到绿洲，在这里一览无余。这片土地，向来将实践的哲学贯彻到底，物质和财富迅速积累，精神和梦想也在拔地而起。而罗湖，便是那个人们心中难以割舍的情感与历史坐标，是深圳发展变迁中的“渔火”。

行走在这里，我们与过去隔空喊话，恍惚间明白，历史没有终点，一切发展都是向前的。每个人、每座城，都有属于自己的未完待续。

——鲲鹏径行走笔记

沿途印记：

一棵树的生命之美

行走在人声喧闹的鲲鹏径九段，树影斑驳，悬停在叶尖的晨露折射出生命的小宇宙。原来，世间的每一个存在都如此独特和美丽；原来，我们竟与大自然如此融为一体。

树，一棵静止的、善良宽厚的树。它的躯干里或许封存着台风的呼啸，以及月缺月盈。它见证着光阴的变迁，承载着生命的低语，展示着千变万化的美好。

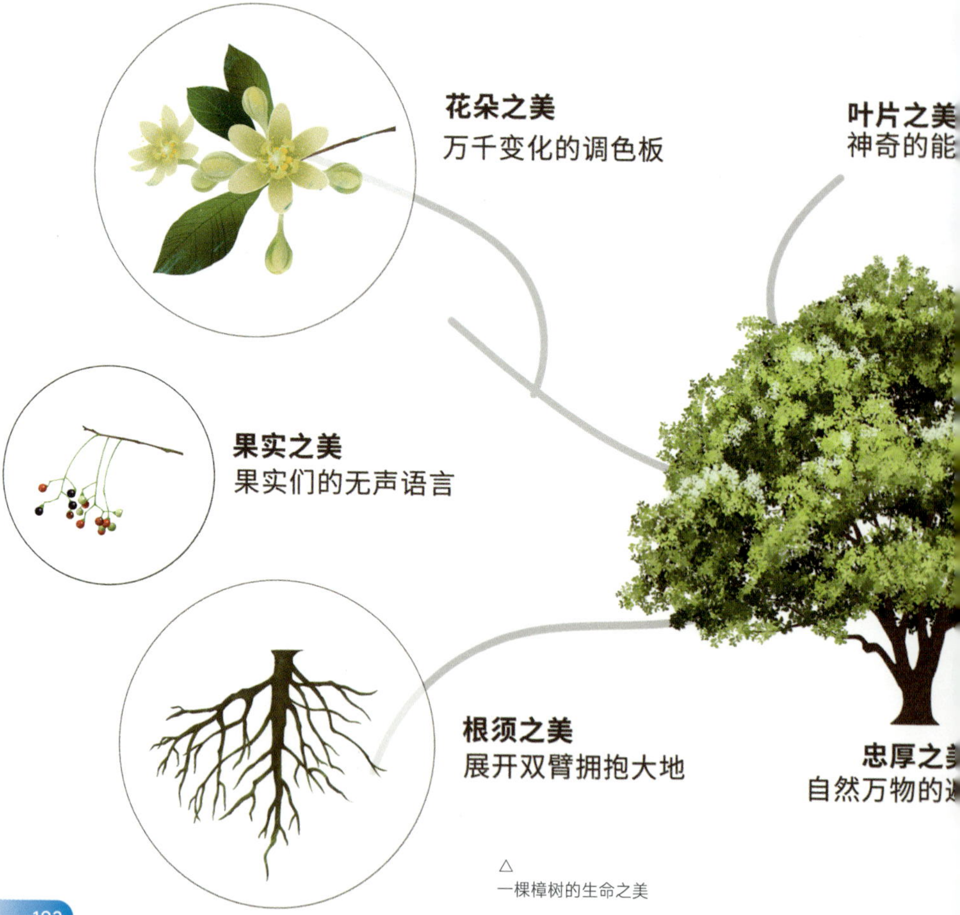

△
一棵樟树的生命之美

△
鲲鹏径九段。周边现代化高楼林立，围岭公园的葱郁山峦镶嵌其中，为都市增添一抹自然绿意

形体之美
树形也有千姿百态

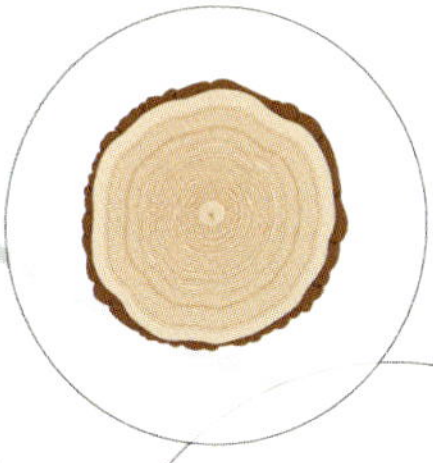

扫码观看《一棵樟树的朋友圈》

时间之美
一棵树眼里的
鲲鹏径

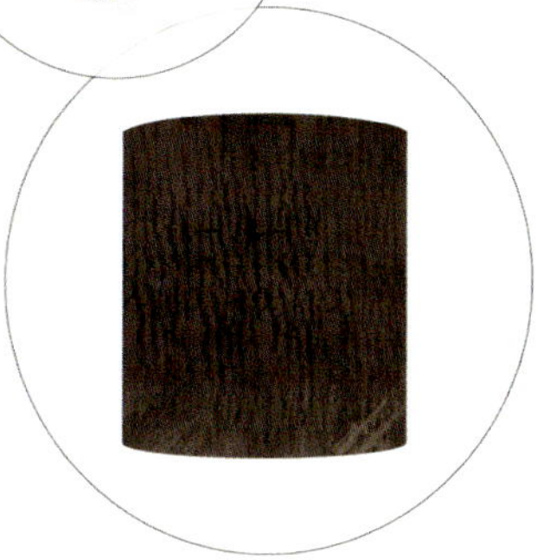

面容之美
你摸过树皮吗？

生命物语：

我的名字叫“深圳”

这或许就是城市与生命的缘分与奔赴，是城市写给自然的诗句。在深圳这片土地上，生活着十余种镌刻着“深圳”前缀的生灵。尽管世界辽阔，它们却在深圳扎根、生长、繁衍，将这座城市作为它们的栖息之所。那些发现这些独特物种的学者，为它们赋予了带有深圳印记的名字，将这座城市的气息融入自然的脉络中。

△
国家一级保护植物仙湖苏铁是第一种以深圳区域命名的植物，苏铁类植物也是现存最古老的种子植物

△
仙湖苏铁的雌株

▷
仙湖苏铁的小孢子叶球

△
深圳加坡蛛

深圳加坡蛛是栖息在落叶层里的小型蜘蛛。大部分蜘蛛的腹部是柔软的，深圳加坡蛛腹部有着坚硬盔甲覆盖

△
深圳巨腹蟹

在中山大学王英永教授的指导下，黄超博士和毛思颖研究员在深圳的山溪动物调查中，发现了生活在低海拔溪流的蟹类新种——深圳巨腹蟹

△
深圳后棱蛇

无毒的深圳后棱蛇是深圳特有种，其头部及身体背部是隐蔽色的橄榄绿

△
深圳香荚兰

深圳发现的第一个兰科新种，是分布极少的珍贵兰花，被列为国家二级重点保护野生植物

△
深圳秋海棠的花朵

△
深圳秋海棠

2019 年于坪山区发现的新物种，生长在溪涧周边的岩壁上。整个深圳只有 100 多株，非常珍贵

它们，以“深圳”为名；
它们，在这里诗意栖居。

这是一种城市与生命共生共居的哲学。它们也提醒着我们，深圳，不仅是人类的家园，更是无数生命的栖息之地。在追求“深圳速度”的同时，我们的城市，始终为所有生命，保留着栖息之所。

△
仙湖植物园里正在吸食花蜜的朱背啄花鸟

链接步道：

洪湖荷花步道

接天莲叶无穷碧

洪湖荷花步道位于深圳唯一以荷花为主题的市政公园——洪湖公园，步道上沿湖种植着不同品种的荷花及睡莲。每年 5 月初，荷花开始开放，到中旬为盛期。碧叶连天，荷花飘香；绿汀中，水鸟翩跹。在喧嚣都市中有如此一片赏花及观看水鸟的胜地，实属福分。

即使到了秋天，荷花凋零，但倒披在湖面的残荷叶却又是另一番风景。不少人独爱残荷之冷，残茇断梗，红消翠衰，亦别有情味。

△
荷花节

洪湖荷花文化节是全市主题特色花展的一张名片，从 1988 年举办第一届开始已经走过 30 余载。

“莲”与“荷”是同一种植物的两种叫法。1.35 亿年以前，莲就生长在北半球的许多水域，是冰期以前的古老植物，和水杉、银杏一样，都是“植物活化石”。

我们欣赏一株莲时，花朵犹如舞台上的主演，聚焦着我们的目光。事实上，这位“主角”亮相的台前幕后，水上水下，有着更多的“花边八卦”。我们来挖一挖——

莲花，是一株莲给我们的惊艳亮相，是众星捧月的主角，是千百年里寄托文采情思的偶像，当然，最根本的是：莲花是莲的繁殖器官，在开花、传粉、结果中实现了种群的繁衍

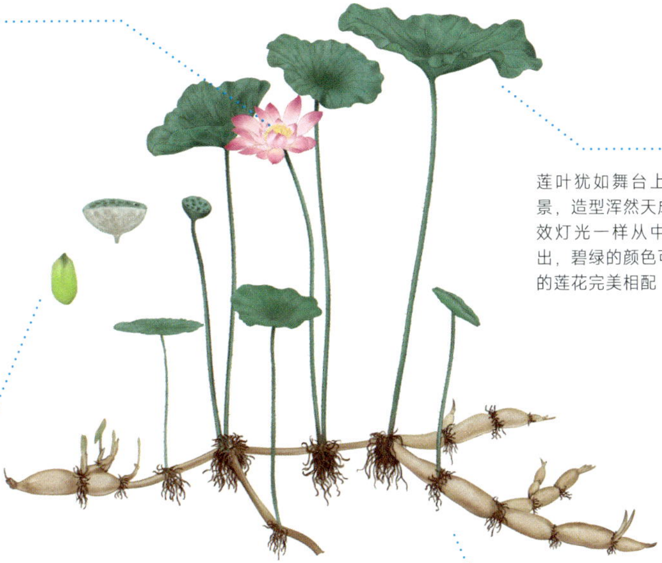

莲叶犹如舞台上的幕布和布景，造型浑然天成，叶脉像特效灯光一样从中心向四周射出，碧绿的颜色可与任何颜色的莲花完美相配

莲子是莲花的果实，就当它是莲花得到的奖章和荣誉吧。完美的果实有着坚固而精密的栅栏组织和气孔道，保证了莲子的长寿——就像好的作品可以传世

莲藕是荷花横生于淤泥中的肥大地下根茎，为荷花源源不断地输送养分，莲藕的中空多孔结构正是为了让空气进入，帮助其在水中呼吸

水生草本花卉中，莲花格外被我们喜爱，其中一个原因就是莲花的枝干、叶片、果实，无论在水上还是水下，都有着浑然天成的美丽；自洁、自净、清雅的花语也给了我们点点启迪。

幸运的深圳人，一年里有半年多可以观赏到莲的花影。

鲲鹏径十段

风在吹它的叶子，
水在摇它的影子，
我们慢慢走，
不说话，
就十分美好

起点
东湖公园

10/20

KUN PENG TRAIL

终点
望桐新路

“你发呆时在想什么？”“大概是山川与湖泊。”

鲲鹏径第十段从东湖公园悠悠出发，向着望桐新路延伸。一路上梧桐绿道与水结伴同行，悠扬自在。东湖公园是深圳历史最悠久的公园，直到现在，每年12月的菊花展仍然吸引众多游客。离开公园，绿道沿着深圳水库蜿蜒前行，大部分景致悄然隐匿，撩拨心扉。行至揽胜亭，水库如同一幅壮阔的画卷，夕阳下，湖面仿佛燃烧的火焰，令人忘却一路上身体的疲惫。

过了仙湖桥，脚下的步道逐渐变得平坦。对了，梧桐山就在前方了！在夏日的时光里，阳光热烈而奔放，孩子在清泉边玩耍，清脆的笑声也在顺着溪水潺潺流淌。与第六段相比，第十段更像是一位隐者，在山水间，重拾对生活的憧憬与热爱。

鲲鹏径十段
KUNPENG TRAIL SECTION 10

路线长度
Length
11km

累计爬升
Accumulated climb
133m

难度系数
Difficulty level
★

观景推荐

人文景观

◎ 历史遗迹

谷对岭军事碉堡遗址
观景月份 1月一12月　观景地点 Y K170-400M

唐排山军事碉堡遗址
观景月份 1月一12月　观景地点 Y K174+600M

◎ 建筑设施

东湖公园
观景月份 1月一12月　观景地点 Y K170-YK172

匙羹山(周恩来雕像、董必武雕像、红楼、华庭、劳乐亭)
观景月份 1月一12月　观景地点 Y K170+300M

梧桐绿道木栈道
观景月份 1月一12月　观景地点 Y K177+100M

揽胜亭
观景月份 1月一12月　观景地点 Y K177+100M

仙湖植物园
观景月份 1月一12月　观景地点 Y K181+500M

仙湖驿站
观景月份 1月一12月　观景地点 Y K180+400M

鸣翠亭
观景月份 1月一12月　观景地点 Y K175

引凤桥
观景月份 1月一12月　观景地点 Y K190+400M

自然景观

◎ 水文地理

深圳水库
观景月份 1月一12月　观景地点 Y K170-Y K183

梧桐山河碧道
观景月份 1月一12月　观景地点 Y K188-Y K191

◎ 生物景观

紫薇
观景月份 6月一9月　观景地点 Y K184±200M

东湖公园

匙羹

梧桐绿道

仙湖植物园

深圳水库

鲲鹏径十段720度VR全景

十

行走笔记：大地与时间的见证者

▽

葱郁山峦环抱间，深圳水库波光粼粼

当我们追问太多"如何","为何"的问题也会接踵而至。

从如何到为何,从解释到寻根,从自身到其他,从其他到世界,从世界到宇宙。换个角度来说,我们与这个世界,都来自星辰,从来都是一体的。

在人类踏足深圳之前,成千上万的生命早已在这片土地上繁衍生息。那些以"深圳"命名的物种,便是一种证据,一种揭示这座城市生命多样丰富的证据。

请珍惜一切生命,因为,我们都是大地与时间的见证者。

——鲲鹏径行走笔记

沿途印记：

湖畔步道的生命礼赞

在深圳的山水脉络中，鲲鹏径第十段沿着深圳水库蜿蜒延展，它是深圳碧道网络里的璀璨明珠。碧道以水串联，沿江河湖库及河岸打造，构建起超 600 千米的生态廊道，而鲲鹏径第十段正身处其中，尽显独特魅力。

▽
沿着深圳水库蜿蜒而行的东岸步道是深圳碧道的一部分

湖畔步道或许有很多，但像鲲鹏径十段这样的却很少。

深圳水库始建于 20 世纪 60 年代，作为深港两地的重要饮用水源，它就像一位无声的守护者，日复一日地滋养着两岸的生命。鲲鹏径十段全长约 11 千米，是深圳最美的湖畔步道之一。

◁
翠木葱茏间，东湖公园的曲折栈道蜿蜒于碧水之上鲲鹏径第十段的起点，静静伫立于东湖公园。东湖公园就像一颗被岁月打磨的明珠，见证着时光的变迁。公园原名“水库公园”，1961 年依傍梧桐山的葱郁而生，守护着一汪宁静湖水。1966 年首次开放，碧波倒映着深圳人的欢乐。1984 年更名为“东湖公园”，在城市发展中留下温柔印记。1991 年 4 月，这里被评为广东省省级风景名胜区，成为人们心灵的栖息地。

△
深圳水库湖心岛

没开玩笑，深圳人也有属于自己的阿勒泰——仙湖植物园。

鲲鹏径上，仙湖植物园就像一座绿色城堡，园内12000余种植物肆意生长，以园名命名的仙湖苏铁，更是这片土地的独特名片。

◁
仙湖植物园园内山环水抱，植被繁茂

生命物语：

东湖公园里的生命关联

一个健康的水库是一个稳定的生态系统，湖水中的藻类、浮游生物是蜻蜓、蜉蝣、石蛾幼虫的食物，同时也是鱼、虾、蟹的猎物，而鱼、虾、蟹，又是岸边的翠鸟、池鹭的美食……大自然编织出一条生机勃勃的食物链。

▷
1. 华艳色蟌
2. 网脉蜻
3. 红尾水鸲
4. 沼蛙
5. 石蝇（稚虫）
6. 香港瘰螈
7. 麦氏拟腹吸鳅
8. 沼虾
9. 罗非鱼
10. 香港南海溪蟹
11. 溪吻虾虎鱼

1
3
4
8
7
9
10
11

鲲鹏径十一段

行走在深圳的最高点，
可以得到上苍更近的
祝福

11/20

KUNPENG TRAIL

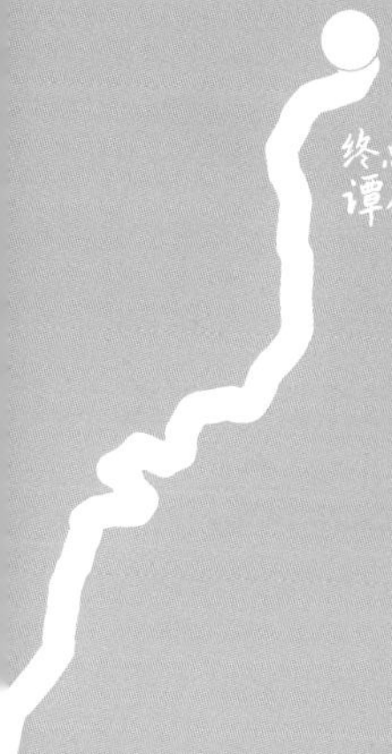

向云端，唯一要做的就是别停。

鲲鹏径第十一段自望桐新路启程，一路扶摇直上，延伸至谭仙公庙。这一条径道野性尽显，是整条鲲鹏径海拔最高的一段，陡峭而险峻，却也愈发迷人。

犁头尖如刀刃，劈开梧桐烟云。你在这里走的每一步，都丈量着广阔天地。当你登顶远眺，小梧桐电视塔尖如箭一般刺破凝云，你的疲惫在此刻也消散殆尽。

三四月间，循着废弃索道站前行，机耕路一侧的杜鹃谷俨然成了毛棉杜鹃的海洋，花瓣铺展、绽放，坠地无声，却成了山谷平仄起伏的韵律。而好汉坡就像天梯，攀登而上，只为一瞥梧桐烟云的神秘。

这是真正的“向云端”，就像登上了一座遗世独立的云中孤岛，日常的烦恼，也就稀释在了这云雾里。

鲲鹏径十一段
KUNPENG TRAIL SECTION 11

路线长度
Length
12km

累计爬升
Accumulated climb
1193m

难度系数
Difficulty level
★★★★★

观景推荐

人文景观

◎ 建筑设施

景点	观景月份	观景地点
小梧桐电视塔	1月－12月	Y K200+100M
观海亭	1月－12月	Y K203+300M
蝴蝶谷	1月－12月	Y K204
双凤亭	1月－12月	Y K205+200M
废弃索道站	1月－12月	Y K199
好汉坡	1月－12月	Y K206-Y K207

◎ 文化艺术

景点	观景月份	观景地点
梧桐山毛棉杜鹃花会	3月－4月	Y K200-Y K201

自然景观

◎ 地质地貌

景点	观景月份	观景地点
犁头尖	1月－12月	Y K197+450M
豆腐头	1月－12月	Y K203
鹏城第一峰（梧桐山山顶）	1月－12月	Y K207

◎ 水文地理

景点	观景月份	观景地点
梧桐山天池	1月－12月	Y K207

◎ 气象气候

景点	观景月份	观景地点
梧桐烟云	1月－5月	Y K205-Y K207
梧桐山云海	1月－5月	Y K207±50M

◎ 生物景观

景点	观景月份	观景地点
十里杜鹃	3月－5月	Y K201-Y K204
含笑谷	2月－3月	Y K207+100M
映山红	4月－5月	Y K203-Y K204
丁香杜鹃	3月－5月	Y K207+50M
吊钟花	3月－5月	Y K206+400M
红花荷	3月－4月	Y K206-Y K207
深山含笑	2月－3月	Y K207+100M
毛棉杜鹃	3月－5月	Y K200+100M
杜鹃谷	3月－5月	Y K200+100M

鹏城第一峰

小梧桐电视

毛棉杜鹃

含笑谷

梧桐山天池

鲲鹏径十一段720度VR全景

十一

行走笔记：

家园带给我的感动

当我们行走在深圳的山水间，才知道这个城市的大自然有多么美。

曾在梧桐山顶，遇到雪白的云海，像起伏的波涛一样延伸到天边；曾在红树林里，看到最受深圳人喜爱的黑脸琵鹭，一双金色瞳孔向镜头投来淡定的一瞥；曾在七娘山谷，抚摸1.3亿年前的火山岩浆，裹在岩浆中的树木已经凝结成了漆黑的煤石；曾在马峦山荒废的老村里露营，听到天蒙蒙亮时白头翁的第一声鸣叫；曾在深圳最东端的海柴角等待一个晚上，注视红里透白的太阳一点一点从大海中跳出来；曾躺在大雁顶的草地上，仰望漫天的星星，在同伴指点下辨认各个星座；曾沿着老虎涧溯溪而上，在源头品尝了未有一丝污染的山泉……

事实上，大自然里最美的，是你永远说不出来的那一部分。

他乡的美丽，带给我感叹；深圳的美丽，带给我感动。因为，这是家的美丽。

——鲲鹏径行走笔记

▷
深圳梧桐山日出云海

沿途印记：

聆听繁华都市间的“野性呼唤”

所有的转折，都隐藏在山川；就像所有的期待，都折叠在沿途。

鲲鹏径第十一段，完美穿越深圳最高峰——梧桐山。一路向上，随着海拔攀升，木本植物变得愈发矮小，空气也愈发清新。当海拔来到500—600米，多彩的野花在不经意间就会闯入眼睛。3—5月，杜鹃花如繁星在山坡铺开，同深山含笑、吊钟花一起，拼凑出一幅充满美好的画卷，也为鲲鹏径的景色埋下回旋的伏笔。

△
梧桐山连绵青山铺展，远处电视塔与城市轮廓若隐若现

梧桐山是深圳罗湖区、龙岗区和盐田区的界山。东起沙头角与盐田工业区，南临碧波荡漾的大鹏湾，北接梧桐山村和大望村，西至布心山，绵延于深圳与香港新界山脉之间。毫不夸张地说，梧桐山可以满足你对“山海连城”的所有幻想。登上梧桐山，不仅可以俯瞰深圳市区的繁华，还能隔海遥望香港的大雾山，两地自然与城市之美融为一体。有网友直呼：“深圳的山海，过于超前！”

◁
梧桐山得名于山上形似梧桐的簕蒴锥，又名“爆梧桐”

梧桐山山脉自西向东逐渐崛起，依次展现出小梧桐、豆腐头、大梧桐三大主峰，宛如连绵的巨龙腾空而起，构成了被誉为“三峰秀拔”的壮丽景观。其中，大梧桐以海拔943.7米傲然耸立，成为深圳第一高峰。登临其巅，云卷云舒尽收眼底，山势雄伟，云雾缭绕，刚柔并济的画卷在广袤的大鹏湾映照下更显壮美。站在这里，仿佛天地在此交汇，令人胸襟豁然开朗，心境如云般自由飘荡。

▷
深圳的美景千千万，
蓝色日出梧桐山看

鲲鹏径第十一段仅是一条登山步道？

这样想就狭隘了。这更是一条自然与城市相连的脐带。行走在这里，你会知道什么是山、海、城交融一体，你会领悟生命存在的意义。山脚的森林、山腰的花海、山顶的烟云，步履不停的你，都在清晰地诉说着：此刻，你以及周遭的一切，已经在这个世界之中了。

鲲鹏视界：

瞬息万变的天象剧场

梧桐山横跨罗湖、盐田、龙岗三区，总面积 42.04 平方千米，接近深圳陆地总面积的 2%，顶峰海拔 943.7 米，是深圳的最高点。

▷

梧桐山顶峰海拔 943.7 米

▷

站在海拔 943.7 米的好汉坡南望，眼前是大鹏湾、盐田港、香港的船湾郊野公园和红花岭郊野公园

▽

好汉坡西望，繁华的都市尽收眼底。能见度最好的时候，深圳湾、大南山、珠江入海口和内伶仃岛历历在目

△
日出时分，深圳梧桐山云海翻涌，峰峦隐现，葱郁山色与绚丽霞光交织，尽显大自然的雄浑壮美

好汉坡最摄人心魄的魔法，在于它永不停歇的光影。雨季清晨，云瀑从香港大帽山倾泻而下；盛夏正午，积云在热力作用下膨胀成巨型棉花糖；深秋黄昏，平流雾如液态黄金漫过福田 CBD。当寒潮掠过珠江口，你甚至能见证气象史诗：北来的冷锋与南方的暖湿气流在好汉坡上空对撞，云团翻滚如天神角力，而一道横跨深港两地的双彩虹，便是这场博弈的和平协议。

生命物语：

来自深圳最高山的浪漫

思念其实很轻，就像烟云漫过山顶。每年雨水节气前后，来自中国南海的暖风夹杂着微咸的水汽，一路向北跋涉，登陆的第一站便是深圳。温暖的气流带来回升的温度，以及滋润的雨水，大地像是加了一层对比度拉满的滤镜。数十万朵毛棉杜鹃，等待着雾漫过山麓，思念连成十万里。

△
毛棉杜鹃是深圳的本土植物，是在超级都市里生长的大树杜鹃，是自然分布同纬度、海拔最低的高山杜鹃

◁
小梧桐杜鹃谷盛开的毛棉杜鹃花

△
梧桐山是深圳最高最大的山体，山脉起伏，空气湿润，为毛棉杜鹃提供了适宜的生长地

▷
万花屏山谷里盛开的“杜鹃王”，树干直径 58 厘米，树高 10.5 米

◁
毛棉杜鹃淡红色花瓣上分布着深红色的斑迹，像点点血痕。事实上，“点点血痕”是杜鹃花吸引昆虫来传粉的蜜源标志

△
盛花期的毛棉杜鹃是“梧桐烟云”中的粉色精灵

鲲鹏径十二段

天空之下，山岭之巅
大地之上，河流之畔
鲲鹏径为我们撑起了
一个又一个
宽抚身心的庇护所

12/20

KUNPENG TRAIL

终点
马峦山西北门

天花板，是现代人忙碌生活的空白落款。有人说，我们完成了童年的梦想，童年又成了梦想。那就去鲲鹏径十二段，感受没有天花板，一抓一大把的快乐。

第十二段作为鲲鹏径最长的一段，足足有20千米。这一段从谭仙公庙开始，串联嶂顶、梅沙尖、打鼓嶂，最终抵达马峦山西北门。这一段风景极佳，不少驴友将这一段列入必打卡名单中。

千万别小瞧了谭仙公庙，这座承载了粤港地区信仰的小庙，为步道注入了灵性。如果避开单调的绿道，沿着山脊向嶂顶行进，远处的水库大坝便会忽然撞入眼帘。梅沙尖如锋刃划破长空，春日新竹绿叶舒展，大鹏湾恰似琉璃，承载着盐田港的巨轮，此刻就像踏入了凌霄之境。

穿越茶溪谷时，此时耳机不用打开降噪，因为古村与茶园，和你的心跳已同频。我们终于要登上打鼓嶂了，三洲田水库就这样镶嵌在苍翠间，诉说着“零碎的岛屿会找到海”。

鲲鹏径十二段
KUNPENG TRAIL SECTION 12

路线长度
Length
20km

累计爬升
Accumulated climb
1019m

难度系数
Difficulty level
★★★★★

观景推荐

人文景观

◎ 建筑设施

梅沙尖山顶观景平台
观景月份 1月一12月
观景地点 Y K231-100M

茶溪谷
观景月份 1月一12月
观景地点 Y K236-Y K238

庚子首义雕像园
观景月份 1月一12月
观景地点 Y K235+100M

◎ 民俗风土

谭仙公庙
观景月份 1月一12月
观景地点 Y K217

自然景观

◎ 地质地貌

嶂顶
观景月份 1月一12月
观景地点 Y K221

打鼓嶂
观景月份 1月一12月
观景地点 Y K245+400M

◎ 水文地理

深蓄电站上水库
观景月份 1月一12月
观景地点 Y K225-Y K227

三洲田水库观景平台
观景月份 1月一12月
观景地点 Y K245+400M

◎ 气象气候

梅沙尖云海
观景月份 3月一4月
观景地点 Y K231-100M

◎ 生物景观

齿缘吊钟花
观景月份 3月一4月
观景地点 Y K232-Y K234

小三洲樱花林
观景月份 2月一3月
观景地点 Y K227+300M

梅沙尖山顶观景平台

茶溪

庚子首义雕像园

小三洲樱花林

打鼓嶂

鲲鹏径十二段720度VR全景

十二

行走笔记：黄昏中的山海交响

梅沙尖的黄昏

即便海风在山顶吹拂了数亿年，海拔753米的梅沙尖仍以尖锥的姿态刺向云巅，矗立在群山之间。在鲲鹏径第十二段，站在山顶的360°观景台，夕阳西下，大鹏湾翻涌的细浪里浮动着碎银，盐田港的巨轮驶向金黄，梧桐山披上青黛，这一切化作一幅写意的泼墨山水画。

如果时间会凝固，那便是此刻。站在梅沙尖的我们，却好像躲进了时间缝隙里，收集着暮色中的一切风景。

——鲲鹏径行走笔记

沿途印记：

樱花雨中的小三洲

城市的喧嚣就在隔壁，三洲田却像是遗世独立。水库岸线依山而行，浩渺的水面在翠峦间若隐若现，有一种清新脱俗的静谧。在这里，鸟儿在枝叶里巡游，阳光像铅笔穿透薄雾，在地面画下句点。深秋来临，红叶如羞涩的火焰，在青山碧水间绽放鲜艳。三洲田的魅力，不仅在于自然，更在于我们能在这里拥抱自然。

▷
春天是去深圳三洲田爬山徒步的绝佳时节

△
在三洲田的澄澈天地间，湖光山色共赴一场温柔的邀约

打鼓嶂，真的是因为山顶如同一面巨鼓而得名。

在深圳，打鼓嶂以526.88米的海拔进入十大最高山峰之列。这里山岭蜿蜒起伏，坡度适中，容得下深圳人诗意地攀登。在山巅，两座双层塔和一座单层塔恰似琴架矗立。登临凭栏豁然开朗，三洲田水库如翡翠镶嵌在岛屿之间，在313.1米的高处倒映着蝴蝶，倒映着云、世界与恒星。

水，是水的镜子；花，是花的影子。

二三月，小三洲水库悄然披上轻纱，粉色樱花在春风里舒展。漫山遍野的浅粉色随风流转，轻巧的花瓣层层回旋，堆叠成雪。阳光洒下，花瓣沾染了光晕，整个山谷像挂着万千琉璃。去行走，让这粉色香雪，尽情染在衣角。

▷
三洲田水库

从谭仙公庙的袅袅香火，到三洲田的幽静山水，再到打鼓嶂的壮丽景色与小三洲水库的浪漫樱花，这段旅程让我们在自然的怀抱中，感受到生命的宁静与美好。

◁
2023年2月，小三洲盛开的樱花

鲲鹏视界：

四维画框里的深圳

在鲲鹏径蜿蜒的山脊线上，深圳第三高峰梅沙尖以753米的海拔刺破云层。当徒步者沿着号称“深圳最美天梯”的登山道盘旋而上，在石阶尽头等待他们的，是一场悬浮于云端的视觉盛宴。

登顶云端360°观景台，整座城市在四维画框中徐徐展开。盐田港的集装箱巨轮化作蓝绸上的乐高积木，龙门吊的机械臂与海浪曲线构成几何二重奏；三洲田的茶田以等高线编织绿色琴键，东部华侨城的城堡群在云霭中奏响光影变奏曲。如果遇上晴天，这里更是观赏日出的绝佳位置，整片大鹏湾都会被染成金红色。

▷
日出时分，梅沙尖被绚烂霞光笼罩

生命物语:

鲲鹏径的溪流居民

当你躺在舒适的被窝里，准备滑入梦境时，坪山河的源头正从梅沙尖的岩缝里悄然涌出，汇聚成溪流。这些水流穿越山林，冲刷岩壁，在碧岭瀑布群奔腾而下，化作霓虹，化作水雾，最终与碧岭水相遇——这里是深圳原生鱼的家园，也是无数微小生命剧场的舞台。

每一条溪流都是生命的网络：落叶为微生物提供养分，昆虫滋养鱼类，鱼群吸引鸟类，而鸟类又将种子播撒向远方。在鲲鹏径的溪水中，条纹小鲃跃出水面捕食飞虫的瞬间，溪吻虾虎鱼守卫领地的姿态，都是自然剧本的生动章节。

◁
碧岭瀑布自翠岭间奔腾而下，奏响自然的激昂乐章

链接步道：

坪山河自然博物长廊

一条河流的博物之旅

有河的地方，便会有生机。

坪山河，是坪山人的母亲河。当碧岭水与三洲田水汇合，天上的降雨与地下的泉水共同孕育出了坪山河。这条蜿蜒流淌的母亲河，孕育了一代又一代坪山人。沿着河道漫游，穿城而过，我们要做的，不过是拾起一块卵石，与时间相对而视。

扫码观看《一条河流的博物之旅》

△
坪山河河畔，美丽异木棉繁花如绮

的生命网络，我们找一找在这条河流上还有哪些生命？

1 大头茶 *Polyspora axillaris*
2 华润楠 *Machilus chinensis*
3 假苹婆 *Sterculia lanceolata*
4 蔓九节 *Psychotria serpens*
5 山鸡椒 *Litsea cubeba*
6 山油柑 *Acronychia pedunculata*
7 水同木 *Ficus fistulosa*
8 水翁蒲桃 *Syzygium nervosum*
9 苔藓 Bryophyta
10 乌毛蕨 *Blechnopsis orientalis*
11 毛稔(rěn) *Melastoma sanguineum*
12 大绿臭蛙 *Odorrana graminea*
13 短肢角蟾 *Boulenophrys brachykolos*
14 花姬蛙蝌蚪 *Microhyla pulchra*
15 花姬蛙 *Microhyla pulchra*
16 蟒 *Python bivittatus*
17 香港瘰螈 *Paramesotriton hongkongensis*
18 中国石龙子 *Plestiodon chinensis*
19 巴黎翠凤蝶 *Papilio paris*
20 黑蚱蝉 *Cryptotympana atrata*
21 红蜻 *Crocothemis servilia*
22 华艳色蟌 *Neurobasis chinensis*
23 水黾 Gerridae
24 唐鱼 *Tanichthys albonubes*
25 溪吻虾虎鱼 *Rhinogobius duospilus*
26 异鱲（liè） *Parazacco spilurus*
27 赤红山椒鸟 雌 *Pericrocotus speciosus*
28 赤红山椒鸟 雄 *Pericrocotus speciosus*
29 黑鸢 *Milvus migrans*
30 紫啸鸫 *Myophonus caeruleus*
31 豹猫 *Prionailurus bengalensis*

1 白茅 *Imperata cylindrica*
2 粉美人蕉 *Canna glauca*
3 风车草 *Cyperus involucratus*
4 黄花风铃木 *Handroanthus chrysanthus*
5 芒 *Miscanthus sinensis*
6 香根草 *Chrysopogon zizanioides*
7 鸭跖草 *Commelina communis*
8 野芋 *Colocasia antiquorum*
9 再力花 *Thalia dealbata*
10 樟 *Camphora officinarum*
11 苍鹭 *Ardea cinerea*
12 池鹭 *Ardeola bacchus*
13 大白鹭 *Ardea alba*
14 白鹡鸰 *Motacilla alba*
15 白鹭 *Egretta garzetta*
16 白胸翡翠 *Halcyon smyrnensis*
17 斑鱼狗 *Ceryle rudis*
18 黑水鸡 *Gallinula chloropus*
19 矶鹬 *Actitis hypoleucos*
20 小䴙䴘 *Tachybaptus ruficollis*
21 斑丽翅蜻 *Rhyothemis variegata*
22 翠胸黄蟌 *Ceriagrion auranticum*
23 大稻缘蝽 *Leptocorisa oratoria*
24 大蚊 Tipuloidea

一条小河里的生命世界

一条河流就是一个立体

▷
逐水而居
滴水成河，粒米成箩。农业时代，坪山河作为本地重要的财富源泉，滋养着这片肥沃的土地。随着农业的快速发展，越来越多的先辈在此定居，使坪山成为深圳客家民系的聚居区之一。大万世居、丰田世居、望牛岗村等众多客家老屋，见证了这片土地上的繁衍生息。碧水之上，老式学堂与现代学府交相辉映，传承着民族的智慧与教育，延续着客家的文化与精神

△
红色记忆
坪山，这片土地不仅是东江纵队的起源地，更是当年他们英勇抗日的主要战场。这里的山水，见证了无数英雄的足迹与壮举，也孕育了"东江精神"。在新时代，这种精神在坪山扎根，发扬光大，激励着一代又一代人继续前行，谱写新的辉煌篇章

△
溯源寻根
在坪山这片古老的土地上，历史的帷幕曾为我们揭开过远古的秘密——这里曾出土过恐龙蛋化石，留下了海百合的印记。泥盆纪时期的浅海沉积物，静静地为坪山盆地奠定了厚重的基底。从森林深处奔涌而来的数十条山涧溪流，在这片古老的盆地中交汇，孕育出一条充满生命与历史韵律的坪山河

△
博物长廊
沿着河畔漫步，你会发现这里有瓦片铺就的泄水口、木制廊道和汀步搭建的生态桥梁。坪山河宛如一座缤纷的生命舞台，一条充满活力的博物长廊。在这里，各种生物共同演绎着"物竞天择，适者生存"的自然剧目，展现出大自然的奇妙与生生不息的韵律

鲲鹏径十三段

13/20

KUNPENG TRAIL

看见了那些古老和年幼的树木，是如何沉默、奋力而又安详

终点
罗氏大屋
（庚子首义旧址）

山是凝固的河，河是流动的山。而城市，在山河间得以生长。

在鲲鹏径第十三段上，坪山森林步道由西向东，穿行于马峦山的苍翠肌理。森林、溪谷、客家民居散落沿途。1月，深圳最大的梅园盛放，蝴蝶和蜜蜂情不自禁在梅香中蹁跹作画。7月，碧岭瀑布群如银河倾泻而下，在每个行人的脸上播撒清凉。11月，在大头茶花铺就的“雪地”上行走，每一步都踩在诗行上。线路的终点是孙中山领导的庚子首义旧址，在这里依旧能感受到革命先驱的热血。

从悬崖飞瀑自然生态，到红色旧址星火燎原，鲲鹏径第十三段就像一幅折叠的山水人文长卷，等着我们去亲自翻开。

鲲鹏径十三段
KUNPENG TRAIL SECTION 13

路线长度
Length
10.5km

累计爬升
Accumulated climb
557m

难度系数
Difficulty level
★★★

观景推荐

人文景观

◎ 历史遗迹

庚子首义旧址
观景月份 1月—12月
观景地点 YK272+350M

强华学校
观景月份 1月—12月
观景地点 YK272+350M

◎ 建筑设施

老围客家民居
观景月份 1月—12月
观景地点 YK266+100M

光背客家民居
观景月份 1月—12月
观景地点 YK266+50M

自然景观

◎ 水文地理

碧岭瀑布
观景月份 5月—10月
观景地点 YK257+100M

◎ 生物景观

白花油麻藤
观景月份 3月—4月
观景地点 YK255-YK256

大头茶
观景月份 10月—翌年2月
观景地点 YK260-YK261

梅花
观景月份 12月—翌年2月
观景地点 YK267-YK269

落羽杉
观景月份 10月—翌年2月
观景地点 YK253+50M

香港瘰螈
观景月份 9月—翌年3月
观景地点 YK257+200M

银河瀑

碧岭

千尺瀑

紫烟瀑

老围村

鲲鹏径十三段720度VR全景

十三

行走笔记：

这，是坪山的生命私语

当你在坪山的森林刻下脚印，你便踏入了自然的转盘。南亚热带常绿阔叶林撑起穹顶，树荫下，山脊、灌木丛、溪流瀑布、沼泽湿地等多种生境杂糅，演绎出一场关于生命的电视连续剧。行走在这里，你或许还会邂逅黑桫椤、唐鱼、虎纹蛙、蛇雕、小灵猫、豹猫等坪山特有的珍稀动植物。

行走，触摸，呼吸。高耸的树木镌刻着年轮，落叶下蚂蚁正匆忙搬运。那斑驳的树影，是来自恒星的投影，混合着鸟鸣，熨平或烦躁或焦虑的情绪。

—— 鲲鹏径行走笔记

▷

置身葱郁森林的小道，一位行人独自伫立，沉浸于四周蓬勃的绿意

沿途印记：

自然情书里的万物生灵

踏入鲲鹏径第十三段，宛如用脚印拆启一封自然的神秘情书。每一寸土地、每一片叶子，都是岁月给我们的缠绵低语。抵达起点，便能感受到大地的心跳，那是碧岭溪谷瀑布群跃动的热情。这里是深圳瀑布的“秘密基地”，倾泻着最密集、水流最大、形态最丰富的恣意诗篇。沿着蜿蜒小径缓缓行进，马峦山将绿色臂膀绵延铺展十里，潺潺流水缠绕着足迹，我们化身成为绿色海洋里的一条鱼。

如果从飞鸟的视角，鲲鹏径第十三段或许是一片沸腾着的绿色海洋。那些层层叠叠的树冠，宛如一朵朵硕大、青翠欲滴的西蓝花，鼓动着脉络清晰的叶片呼吸。它们是大地派往天空的使者，向着阳光攀登。山风掠过，森林便摇曳成翻涌的情书。

① 马来豪猪
Hystrix brachyura

② 香港泽圆马陆
Zephronia profuga

③ 东方水蠊
Opisthoplatia orientalis

④ 金边窗萤 幼虫
Pyrocoelia analis

⑤ 刻鳞鹅膏菌
Amanita sculpta

⑥ 黄裙竹荪
Dictyophora multicolor

⑦ 牛肝菌
Boletaceae

⑧ 马勃
Lycoperdon spp.

⑨ 白小鬼伞
Coprinellus disseminatus

⑩ 钩盲蛇
Indotyphlops braminus

⑪ 银环蛇
Bungarus multicinctus

⑫ 中国石龙子
Plestiodon chinensis

⑬ 灰背鸫
Turdus hortulorum

⑭ 黑领噪鹛
Garrulax pectoralis

⑮ 黧蒴锥
Castanopsis fissa

⑯ 山油柑
Acronychia pedunculata

⑰ 白花油麻藤
Mucuna birdwoodiana

⑱ 羊角拗
Strophanthus divaricatus

⑲ 黄杞
Engelhardia roxburghiana

⑳ 红冬蛇菰
Balanophora harlandii

1. 棕果蝠 *Rousettus leschenaultii*
2. 果子狸 *Paguma larvata*
3. 豹猫 *Prionailurus bengalensis*
4. 小灵猫 *Viverricula indica*
5. 无垫蜂 *Amegilla* sp.
6. 东方蜜蜂 *Apis cerana*
7. 榕小蜂 Agaonidae
8. 短刺刺腿食蚜蝇 *Ischiodon scutellaris*
9. 乌桕大蚕蛾 *Attacus atlas*
10. 报喜斑粉蝶 *Delias pasithoe*
11. 报喜斑粉蝶 幼虫 *Delias pasithoe*
12. 琉璃蛱蝶 *Kaniska canace*
13. 斑络新妇 *Nephila pilipes*
14. 豹尺蛾 *Dysphania militaris*
15. 花姬蛙 *Microhyla pulchra*
16. 翠青蛇 *Ptyas major*
17. 叉尾太阳鸟 *Aethopyga christinae*
18. 红胸啄花鸟 *Dicaeum ignipectus*
19. 海南蓝仙鹟 *Cyornis hainanus*
20. 凤头鹰 *Accipiter trivirgatus*
21. 领角鸮 *Otus lettia*
22. 斑姬啄木鸟 *Picumnus innominatus*
23. 海芋 *Alocasia odora*
24. 青梅（江梅） *Prunus mume* 'Jiang Mei'
25. 红花荷 *Rhodoleia championii*
26. 白花油麻藤 *Mucuna birdwoodiana*
27. 紫纹兜兰 *Paphiopedilum purpuratum*
28. 菝葜 *Smilax china*
29. 山乌桕 *Triadica cochinchinensis*
30. 广寄生 *Taxillus chinensis*
31. 华润楠 *Machilus chinensis*
32. 鹅掌柴 *Heptapleurum heptaphyllum*
33. 罗浮买麻藤 *Gnetum luofuense*
34. 山橙 *Melodinus cochinchinensis*
35. 蔓九节 *Psychotria serpens*

森林的生命互联

在坪山的森林里，各种各样的生命环环相扣、息息相通，共同编织着这个星球上古老而又紧密的互联网。

紫烟瀑

山林间，飞瀑自葱茏绿意中倾泻而下，于嶙峋怪石间激起层层水花，奏响自然的灵动乐章

生命物语：

朴实而古老的生命

与其说我们忽视蕨类植物，不如说蕨类植物从不在乎我们。

大部分植物，最吸引眼球的是花朵和果实。遍布深圳的蕨类植物，既不开花，又不结果，依靠微小到肉眼看不到的孢子繁衍。它们扎根大地，依旧保持着几亿年前的呼吸。

▷
在鲲鹏径十三段的山坡，乌毛蕨肆意生长，置身其间，仿佛时光回溯，踏入神秘的恐龙秘境

在鲲鹏径上，这些形状各异的科普解说牌位于步道两旁，它们是这座森林的代言人，为过往的游人讲述发生在这里的森林故事。

3 亿多年前，蕨类植物在陆地开始大规模繁盛，逐步形成数十米高的树蕨森林。1.8 亿年前的侏罗纪，陆地上的霸主恐龙，穿行在树蕨森林中觅食。那个年代的蕨类植物高大、茂密，和恐龙一起盘踞着大地。漫长的岁月里，剧烈的气候变化与地质动荡后，那些高大的树蕨被深埋在地下，在温度和压力的作用下，绿色逐渐褪去，生成了今日的黑色财富——煤。蕨类植物，是凝固的焰火、地壳的密约、地质的史诗。

全球现在约有 11000 种蕨类植物，整个中国有 2100 余种，在深圳，已发现 189 种蕨类植物。深圳的气候温暖湿润，蕨类植物几乎遍布每一个角落。它们是植被中草本层和层间植物的重要成员，也是测试环境变化的指示植物。

坪山全域自然博物
WALKING PINGSHAN

与恐龙同行的蕨

链接步道：

坪盐赏梅步道

暗香浮动在马峦

人间仙境马峦山，千亩梅园花开艳。坪盐赏梅步道是深圳最佳的赏梅路线，位于坪山与盐田的交界处，占地千亩，有梅花万树。在这里，既可以欣赏千亩梅园，俯瞰山海风光，也可以踏访古村，探寻革命旧址。

◁ 登高赏梅，恰在梅亭

在梅边，有梅亭。马峦山的梅亭是赏梅的最佳位置。拾级而上，登上梅亭，马峦山的梅花挥枝，宫粉梅海将梅亭肆意包围。风吹过时，花瓣晶莹剔透，在阳光下落成碎玉

扫码观看《雨雾中的坪盐赏梅步道》

▷ **暗香浮动在马峦**

深圳马峦山一直有植梅传统。近年来，梅园开始增种梅树，形成梅花廊道。每年 12 月至翌年 2 月，马峦山上万树梅花次第开放，青梅、绿萼梅、宫粉梅……花影绰约，暗香浮动，引来众多爱花人士及摄影爱好者

△

坪盐赏梅步道上的解说牌

坪盐赏梅步道途经庚子首义旧址（马峦村）—梅亭—光背村—老围村—径子村，步道长度约 9 千米，沿途设置 30 个自然观察与课程分布点。沿着赏梅步道，这些落在步道两旁的玫红色牌子，为过往的行人讲述着关于梅的故事

链接步道：
禾雀花步道

我们的坪山，我们的珍宝

扫码观看《禾雀花步道春日图鉴》

禾雀花步道起于马峦山郊野公园黄竹坑入口，终于庚子首义旧址，全长约 6.5 千米，是坪山区野生禾雀花数量最多、分布最密集的区域，沿途共有 10 处禾雀花观赏点和多处自然观察与课程分布点。

◁ **叽叽喳喳的"小精灵"**

当春天的雾气漫过坪山，白花油麻藤，又叫"禾雀花"，便开始抖去寒冷的羽衣，在斑驳的藤蔓上悬挂起编钟一般垂坠的花。这是步道本土最美的野花之一，在坪山已开放了千万年。山风掠过，阳光倾泻，禾雀花就像一群叽叽喳喳的小鸟，来不及收敛鸣啼

△

禾雀花之歌

漫步在禾雀花步道上，山间美景如画映入眼帘，你的耳畔还会响起那首由坪山文化智库专家王俊作词、积木鱼乐队谱曲、陈昕深情演绎的原创音乐《和你一起盛开》。在这自然的怀抱中，与身旁的同伴一起徜徉，仿佛禾雀花在你们的行走间盛放

链接步道：

庚子首义步道

探寻深圳的红色脉搏

扫码观看《庚子首义步道》

历史，本就该从书本跃入山河之间，成为可触摸、可对话的鲜活场景。在深圳的马峦山脚下，庚子首义步道从庚子首义旧址（罗氏大屋）一路延伸至黄豆窝义冢，全程 19 千米，串联起革命遗址、自然风光与客家文化。

◁
路上的解说牌是旅人的新课堂

◁
罗氏大屋，
步道的起点

△
革命烈士纪念碑

步道的起点是庚子首义旧址——罗氏大屋。这座客家老屋曾是革命军的秘密据点，1900 年，孙中山领导的庚子首义在这里点燃了推翻清王朝统治的火种。

步道的终点是黄豆窝义冢，这里安葬着为革命献身的烈士。从起点到终点，19 千米的路程不仅是对体力的考验，更是对心灵的洗礼。

晚

身先士卒，带领革

动

胜

10月10日

麻溪之役

革命军与麻溪乡团激战，顺利攻占麻溪围

10月12日

上洋围大会师

杨发组织了一支500多人的队伍，与郑士良率领的革命军主力在上洋围会师

10月15日

平潭茇（bá）子园伏击战

革命军在平潭茇子园获得大胜

10月16日

马鞍墟探营

郑士良派队伍去马鞍墟，一来探其虚实，二来声东击西以迷惑敌人

10月18日至19日

崩冈墟之役

郑士良率领革命军，在西枝江畔崩冈墟夜袭敌营，敌军溃散而逃

10月18日至19日

黄沙洋之战

黄耀庭率领革命军，与周亚祥率领的农民军配合攻打黄沙洋，于19日凌晨攻破

10月19日

攻占三多祝

黄沙洋被攻破后，三多祝墟镇也被轻松拿下

10月20日

洋口三战

革命军在洋口打了三仗，持续一整天，刘运荣、何松、杨发等将领牺牲。清军乘机收复三多祝和黄沙洋

10月22日

革命军解散

革命军被清军包围于白沙，郑士良收到孙中山电文“政情突变，外援难期……请司令自决进止”后，宣布队伍解散

庚子首义虽然失败了，但是唤醒了民众。
孙中山及其革命党人的前进步伐没有停止，革命意志更加坚定。

庚子首义大事记

当星星之火凝聚成山河的脉络，庚子首义步道便化作永不闭馆、没有围墙的“红色会客厅”。来这里漫步，找寻1900 年遗落的月光。你我的每一次驻足，都续写着山河热血，昭示着什么叫永不遗忘。

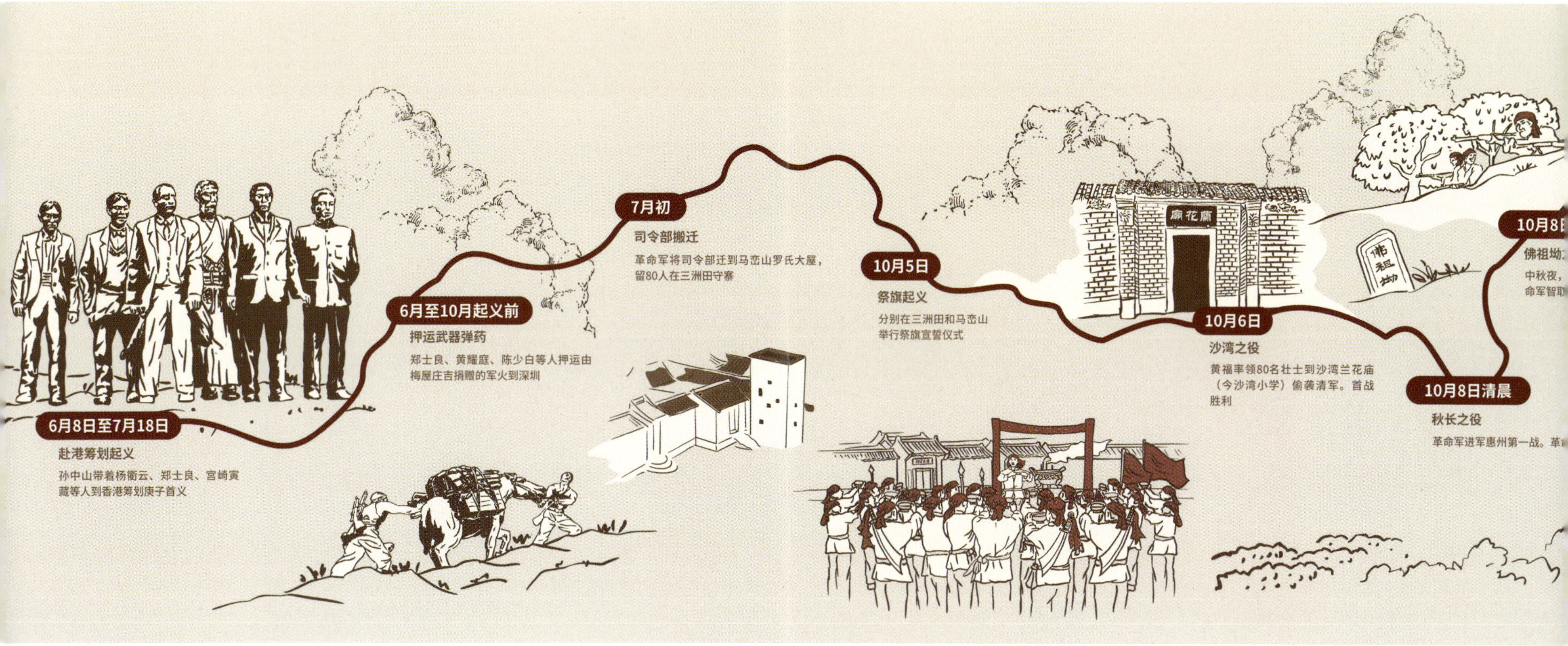

△
一旁的红色标牌上，镌刻着革命的话语；孙中山先生的肖像庄重肃穆，诉说着往昔的风云激荡

庚子首义步道不仅承载着历史的记忆，也展现着自然的美丽。马峦山的雾漫过三洲田水库，刺桐花的露珠折射出庚子年的光影。1900年，革命军在此敲响了清王朝的丧钟，打响了辛亥革命第一枪；而今，徒步者的脚步正在唤醒沉睡的记忆。

鲲鹏径十四段

一条步道宏阔多变的景象，
沉默而蕴意深长的宁静，
傲然独立却和蔼可亲的野性，
滋养着超级都市里的深圳人

14/20

KUNPENG TRAIL

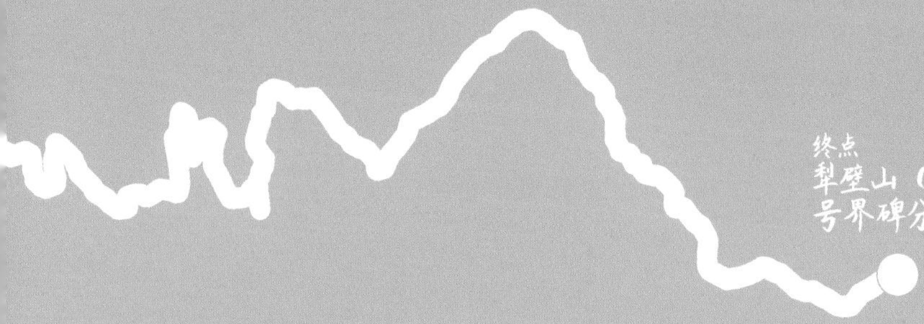

倦怠与焦虑，是现代都市人的“空心”病。

有人说，我们日复一日，就像过着西西弗式的“荒诞”生活。请撕掉昨天的日历，去鲲鹏径第十四段走走吧。第十四段长约12千米，启程于历史悠久的罗氏大屋（即庚子首义旧址），沿途翻越大岭古和赤澳岭，最终到达坪山与龙岗交界的45号界碑。通常，我们需要约6.5小时去丈量这一段的天地。第十三段与第十四段共同谱写了马峦山穿越路线——金碧线（金龟至碧岭）。

一路上，山海湖光，诗意古村，就好像共同勾连出遗落在山野的月光。生活或许偶尔枯燥，但荒野永远会挺身解围。

鲲鹏径十四段
KUNPENG TRAIL SECTION 14

路线长度
Length
12km

累计爬升
Accumulated climb
463m

难度系数
Difficulty level
★★★★

观景推荐

人文景观

◎ 建筑设施

建和村客家民居
观景月份 1月—12月
观景地点 YK273+20M

红花岭村客家民居
观景月份 1月—12月
观景地点 YK283+200M

◎ 文化艺术

坪大诗歌步道
观景月份 1月—12月
观景地点 YK273-YK282

自然景观

◎ 地质地貌

赤澳岭观湖崖
观景月份 1月—12月
观景地点 YK293

赤澳岭观海石
观景月份 1月—12月
观景地点 YK295+50M

◎ 水文地理

红花岭上库观景平台
观景月份 1月—12月
观景地点 YK280±50M

红花岭下库观景平台
观景月份 1月—12月
观景地点 YK292-YK293

上洞坳水库观景平台
观景月份 1月—12月
观景地点 YK292-YK293

◎ 生物景观

桃金娘
观景月份 4月—5月
观景地点 YK294-YK296

紫薇
观景月份 6月—9月
观景地点 YK273+200M

水库风光

客家

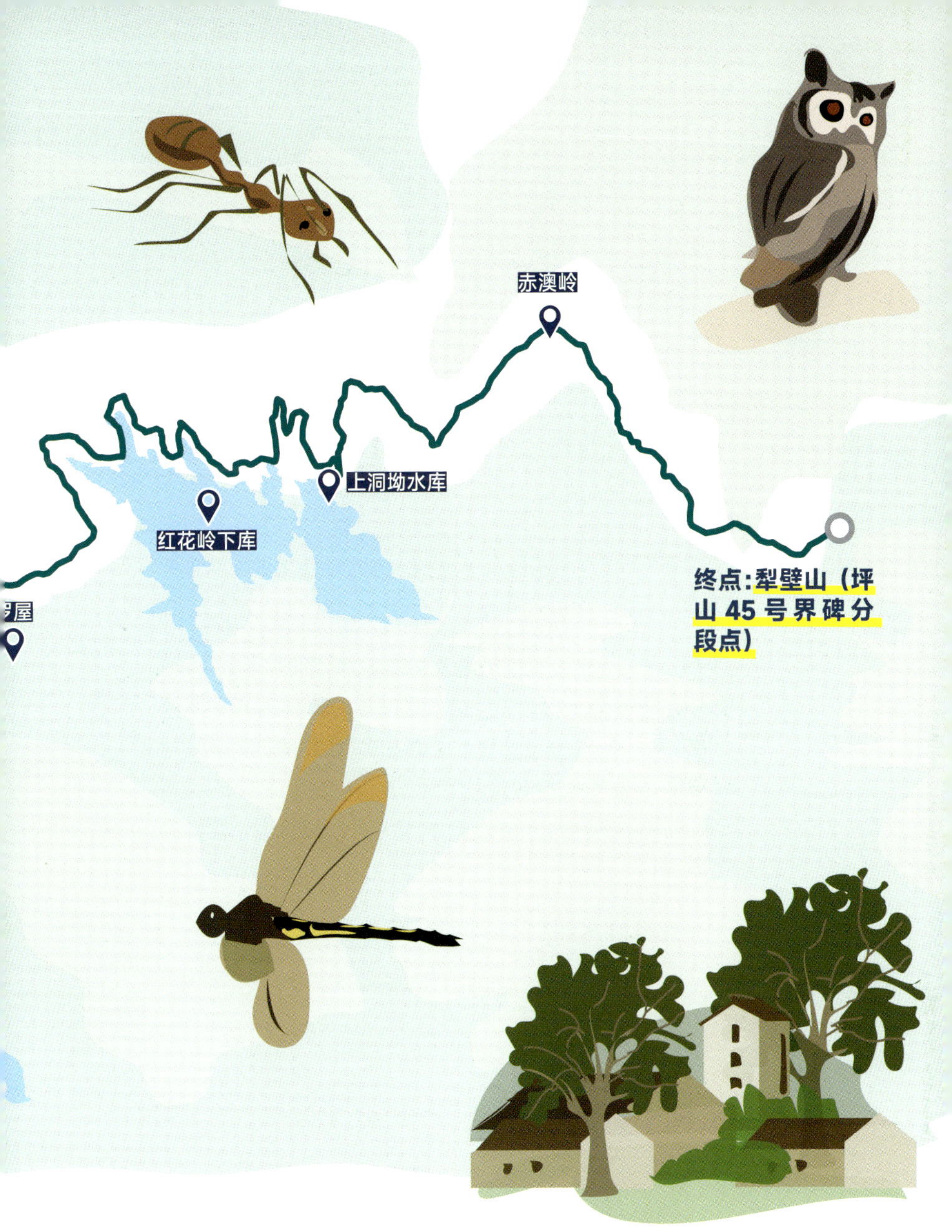

赤澳岭观湖崖

赤澳岭观海石

诗歌步道

鲲鹏径十四段720度VR全景

十四

行走笔记：

日久他乡变故乡

你脚下的这个国际化大都市，远比你想象中蕴含着更多古老气息。

鲲鹏径第十四段上的客家古村落，就像被遗忘在山野中的断简残篇。那些曾经嬉笑的身影，如今仍在粗布晾晒的日光下回荡，嬉笑声在行人的脚印里回响。斑驳的宗祠墙壁，印着时间的划痕；穿堂风灌满登山包，都市的喧嚣在此刻化作蝉鸣。一切的一切，让每一位到访者心情悄然舒展。

我们或许来自远方，日久他乡变故乡。

——鲲鹏径行走笔记

△
古朴的民居静立，“清河世泽，曲江家声”彰显底蕴，绿植环绕，于岁月中诉说家族传承的故事

沿途印记：

听，鲲鹏径上的植物诗人在唱歌

当4月的水汽吹过深圳山脊，鲲鹏径十四段上的植物诗人便换上盛装。桃金娘在季风下变成铺展的粉色风铃。花丝垂落，雾气凝结，花瓣显得更加娇嫩欲滴。起风了，整座山便翻涌成粉色星云。

我的歌曾是如此热切，
像艾特纳火山倾泻出的岩浆，
从我灵魂深处爆发出来，
到处洒出闪耀的火花！

——海涅《用桃金娘与玫瑰》

△
在一株桃金娘上，开在不同时段的花朵、花蕾，显现着润白、浅红和深红。桃金娘是深圳典型的乡土植物，是漫长的自然演替后，高度适应深圳气候与土壤的原生植物

△
每年1—2月，登马峦山，到梅亭赏梅花，是许多深圳人的最爱

只要想起一生中后悔的事
梅花便落了下来
比如看她游泳到河的另一岸
比如登上一株松木梯子
危险的事固然美丽
不如看她骑马归来
面颊温暖。

——张枣《镜中》

登上梅亭，冬日的诗笺正被梅香浸透。循着暗香拾级而上的登山者，鞋底都沾着几行未干的梅花绝句。

沿着手作步道盘旋而下，簕杜鹃的咏叹调骤然迸发。这些深谙生存智慧的植物诗人，用枝头永不凋谢的苞片编织着舒婷的诗行。

是喧闹的飞瀑
披挂寂寞的石壁
最有限的营养
却献出了最丰富的自己
是华贵的亭伞
为荒野遮蔽风雨
越是生冷的地方
越显得放浪、美丽
不拘墙头、路旁
无论草坡、石隙
只要阳光常年有
春夏秋冬
都是你的花期。

——舒婷《日光岩下的三角梅》

△
盛开的簕杜鹃和白头鹎。簕杜鹃又称“三角梅”，花朵粉管细小，难以授粉结果，但只要取一段成熟的枝条，插入疏松润湿的土壤或细沙中，就能长成一株新的簕杜鹃

诗歌，从不囚禁在诗人的笔尖，从不囿于诗人的眼前。诗歌属于大地上生长的种子，属于阳光中飘浮的尘埃，属于田野里摇曳的麦粒，属于日常的柴米油盐，属于你此刻视网膜上的烙印。

活在这珍贵的人间
泥土高溅
扑打面颊
活在这珍贵的人间
人类和植物一样幸福
爱情和雨水一样幸福。

——海子《活在珍贵的人间》

◁
背着红背包的徒步者匆匆前行，路旁的诗歌是步道上无声的“诗人”

链接步道：

坪大诗歌步道

诗意地行走在大地上

扫码观看《逃离都市之寻找山野诗歌》

去诗歌步道，本身就是诗。

在坪山与大鹏的交界处，马峦山上静卧着一条诗意满满的步道——坪大诗歌步道。从红花岭水库到庚子首义旧址，七公里诗意满溢。一路上，鸟儿将阳光啄出韵律，蝉鸣在林风中熨出平仄。林间小路在光斑下若隐若现，枯叶仿佛也在路上流动。骑行者的车轮碾过追风小径，将此刻记录在大地。

△
坪大诗歌步道地点旁，白色艺术装置静立，四周草木繁茂，尽显自然野趣

没有一艘船能像一本书
也没有一匹骏马能像
一页跳跃着的诗行那样——
把人带往远方。

—— 狄金森《没有一艘船能像一本书》

风不可追，但在诗歌步道上，风却凝固成具象的时空。追风小径带着些许起伏，仿佛流动的诗意。约上知己，骑上山地车，在小径驰骋，任凭身影在夕阳中被拉长。这不仅是速度与激情，更是心与自然的和解，人与山的狂欢。

△
在诗歌步道上，可以俯瞰红花岭水库

沿着幽静的诗歌步道可以从坪山走到大鹏。诗人黄灿然的作品《舍不得》就在步道旁：“潘先生说，在洞背村，夜里太舒服，舍不得睡觉；我呢，白天太漂亮，舍不得工作。”

沿着山间小路缓步前行，耸立的乔木和低矮的灌木层叠，坪山的森林展开为满眼翠绿。“如果有来生，要做一棵树，站成永恒。没有悲欢的姿势，一半在尘土里安详，一半在风里飞扬；一半洒落阴凉，一半沐浴阳光。”（出自三毛《妩媚的花园》）

△
步道上，不期而遇的诗歌装置牌

行走，
是我们在大地上的阅读，
是和这个城市浪漫的关联，
是脚步与自然的默契共鸣，
是庸常生活中的一缕诗意。

——鲲鹏径行走笔记

链接步道：

金龟自然教育步道

寻古村，探自然，见万物

扫码观看《金龟慢行记》

2020年，金龟自然教育步道落户金龟村，同年金龟自然教育中心揭幕。至此，村落文化、自然与地质观察课程交织共鸣，成就了一个诗意盎然的自然博物村。5千米的步道缠绕在田园间，丈量着田野的起伏，收集着孩子的欢笑，也点缀着物种信息牌和自然课程。漫步在这里，伸手，便能接住陶渊明遗落的月光。

▷
青山环抱，溪水潺潺，金龟村静卧于大鹏至坪山、惠州的古商道上，作为一座典型的客家老村，饱含历史韵味

△
竹篮中，圆润饱满的金龟橘色泽鲜亮

△
金龟村口，金龟自然教育步道导览牌醒目地立在一旁

金龟橘

据《深圳市地名志》记载，因村中山溪盛产金钱龟，金龟村由此得名。曾几何时，金龟橘与南山荔枝、沙井蚝齐名，名扬海内外。

▽
金龟河蜿蜒于葱郁山林间，河水清澈，倒映着繁茂绿树

金龟河

金龟村静静流淌着一条如母亲般呵护村落的河流——金龟河。河流两岸的水翁群落，在擎天的浓荫里编织着绵延的绿洲。河水流淌，生生不息，许多动植物沿着河流栖息，悄悄续写着这片土地关于生命的密语。

▽
金龟自然教育步道上，师生们沉浸于自然课堂。众人或仰头探寻，或俯身观察，在葱茏绿意间开启知识探索之旅

金龟村里的自然课

金龟村的自然资源与客家文化相融，孕育出金龟自然教育中心里独具特色的自然探索课程。从昆虫到植物，从矿山到飞鸟，从天文到地理，村中处处皆是探索之地，人与自然在此和谐共生，彼此交织出动人的诗篇。

◁
金龟自然书房。
书房内有恬静舒适的阅读与教学空间

金龟自然书房

2019 年 1 月 10 日，金龟自然书房在金龟村悄然落成，向公众免费开放。这是国内首家以自然为主题的书房，馆藏着 3000 余册精美的自然生态书籍。书房秉承"阅读自然好书，拥抱自然生活"的理念，静候每一位读者在书页间与自然邂逅，感受大地的韵律。

此时此刻，每棵树木、每片田野、每座森林，无不向外散发着自己特有的气味。草地上荡漾着泽花的香气，公路上溢满了艾菊的芬芳。玉米开始抽穗了，空气中弥漫着一股特有的干燥气息。

——梭罗《漫步的艺术》

链接步道：

江岭相思步道

此路最相思

江岭相思步道上，两人背囊漫步，四周草木葳蕤，于绿意间共赴自然之约。

“相思”是风穿过森林的叹息，是相隔千里的月光，是那封已经写好却未寄出的信，是茶盏渐凉时舌尖那份若有若无的苦与微甜。

坪山江岭相思步道长约 8 千米，位于坪山与大鹏的交界处，起始于马峦山郊野公园赤坳入口，蜿蜒至溪涌后山。绵延的相思林，将无数叹息揉碎，等待着有缘人撷取。

沿途设置的 33 个自然观察与课程分布点，将情感故事与自然美好篇章融汇其中。相约在此，漫步林下，层林翻涌，爱意弥漫。

△
正在开花的马占相思

相思树下说相思

走在相思步道，两旁的马占相思早已挺立。这种豆科相思树属的常绿乔木，以其速生丰产而闻名于世。

它们确乎来自异乡，却早已深深扎根于此。它们丈量着光阴，如今已成为当地不可或缺的绿化固土植物。

这些挺立的异乡客，不也正如深圳人一般？或许我们来自五湖四海，但我们对这片土地爱得深沉。

豆娘的浪漫比心

豆娘雄虫会用特有的肛附器夹住雌虫前胸背面，雌虫则弯曲腹部以接近雄虫交合器，形成了“爱心”。

▷
交尾形成“爱心”的豆娘

扫码观看《马峦山的春日相思曲》

爱的浪漫告白

在求偶的季节，雄性中国树蜥会将头部和背部染上鲜艳的红色，以吸引雌性。这一自然的求爱仪式让人联想到《诗经》中古人优雅的告白：“关关雎鸠，在河之洲。窈窕淑女，君子好逑！”在自然界里，每一种生物都有其独特的情感表达方式。

△
江岭相思步道旁，“I really like you”告白坐凳静立，为步道添一抹浪漫温馨

△
求偶期的中国树蜥

缠绵厮守不分离

每年的五六月，江岭相思步道便飘起金色的“雨”，将林间光影搅成涟漪。这些被误认为蝴蝶的精灵，其实是少见的日行蛾——豹尺蛾。竹节树舒展的枝丫间，豹尺蛾的幼虫正在完成生命的蜕变。叶片被咬成弧形缺口，演化进程一直往前。

△
豹尺蛾幼虫

△
豹尺蛾成虫

我们为什么要行走？

有人用登山杖敲击石梯，为了登高远望；有人扎进森林，在树叶堆里想找回童年的证据；有人早已听腻了地铁广播的报站，去自然荡涤身心……

一万个行走者，就有一万个理由。

但对深圳人来说，行走永远是与这座城市相处的最好方式。生活在一个山海连城的城市，只有行走，才能将梧桐山的雾与盐田港的船编织在一起，才能把大南山的月光纳入自己的眼睛，才能知道什么是塘朗山的猕猴、大鹏湾的浪花、马峦山的飞瀑。

脚印恰似问号，我们只有在行走中，才能选择成为怎样的自己。

——鲲鹏径行走笔记

▷
背起行囊，独行在葱茏步道上。风拂草木，似相思在心底轻漾，向着远方，寻觅心的归处

链接步道：

三水线

登顶珠峰的深圳人都从这里毕业

三水线是大地的浓缩。在远足径的三径三线中，三水线虽最短，但其挑战在于需要翻越大大小小逾百个绵延不绝的山头。每一次登顶，都是对自我的超越；每一段攀升，都谱写着新生。

▷
三水线的起点三杆笔山。登顶后俯瞰与惠州交界的大亚湾、喜洲岛与坝光国际生物谷景象

三水线是深圳步道中难度最大的挑战级路线，被称为"深圳户外毕业线"。三水线起点位于大鹏新区坝光白沙湾，终点位于坪山区水祖坑，全长约18千米。串联水祖坑（水）、三杆笔（木）、火烧天（火）、土地庙（土）、金龟村（金），地名正好涵盖了金木水火土，又被称为"五行线"。

△
群山之中的徒步者，身影融入葱茏山色，在连绵山峦与澄澈蓝天间，独赴自然之约

三水线的起点处，谭仙古庙作为这条路线上的人文历史遗迹，诉说着古老的故事。终点的水祖世居，呈现了清嘉庆年间的历史风貌。在旅途中，客家村落与广袤的农田点缀其间，展示了中国传统的农耕文化与乡土生活的独特韵味。

△
三水线终点，徒步者在此打卡留影

三水线绝望坡，是三水线最后一个大山坡，因此也被赋予了特殊的意义，走到这里，就标志着三水线最难的路已经走完。

△
绝望坡顶。镌刻的文字在蓝天映衬下格外醒目，见证着攀登者的坚毅与勇气

△
三水线上跋涉前行的徒步者

抵达这里，也就意味着三水线的旅程即将落幕。让我们与坪山森林步道的小禾雀娃娃一同庆祝这段难忘的毕业打卡吧！

链接步道：

翠微径

漫步山川水色中

△
清林径水库。在霞光中尽显壮美，水域如镜，岛屿星罗棋布，四周山峦葱茏

全长 46 千米的翠微径，分为四段，是深圳远足径的东北支线。它将坪山区与龙岗区的山水资源汇聚在一起，沿途山峦披上青黛，青翠缥缈，得名“翠微”。这条步道一路贯穿三洲田森林公园、马峦山郊野公园、燕子湖、坪山大剧院、美术馆、松子坑森林公园、屯梓河、低碳城、白石塘水库、黄竹坑水库及清林径水库等众多景点。“却顾所来径，苍苍横翠微”，这里是徒步者的秘境，也是坪山中心区的休闲胜地。

翠微径途经的清林径水库，是深圳蓄水量最大的水库之一。水库中众多山岭形成了层叠的岛屿，展现出如画般的水域风光。

翠微径经过的松子坑水库是东江水源工程进入深圳后的第一座调蓄水库。东江水经过 50 千米的奔流后来到松子坑水库，再从这里进入市区的千家万户。

△
松子坑水库。夕阳西下，松子坑水库在余晖中熠熠生辉

静远营地就像一朵绣花，静静地坐落在翠微径红花岭低碳生态公园。这朵绣花，是用真正的自然针线缝补出来的——没有过多的改造，巧妙的设计将大自然的原始风貌尽可能保留下来。这里的凳子，或许依旧保留着年轮，而在这里休憩，便与自然融为了一体。

◁
静远营地。人们相聚于此，帐篷、桌椅错落，一派悠然惬意的氛围

鲲鹏径十五段

鲲鹏径，
是都市与荒野之间
切换的通道，

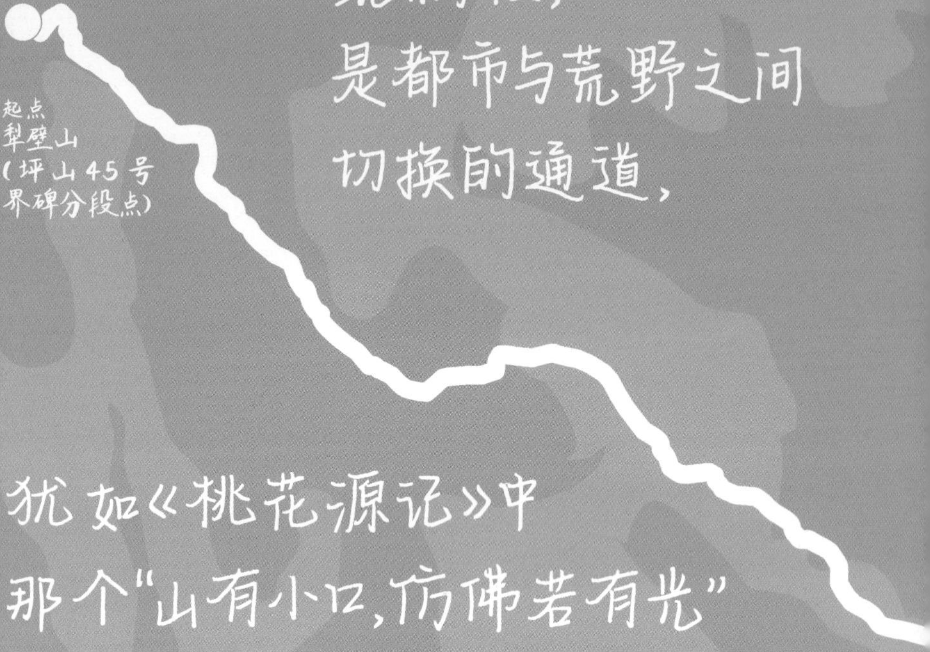

犹如《桃花源记》中
那个“山有小口，仿佛若有光”
的入口

15/20

KUNPENG TRAIL

在坪山和龙岗的交界处，45号界碑静静伫立在山坳里，像被遗忘的信。鲲鹏径第十五段便起于此，翻越海拔400余米的犁壁山，止于葵涌生态公园。

400多米的海拔，在南方算不得险峻。倒是在清凉的山风里，裹着一丝咸味，那是大鹏湾的海风翻山越岭带来的气息。沿着林中小径前行，直至山顶凉亭。向南望去，大鹏湾碧涛漾起，巨轮正拖着白浪，从盐田港驶出。向东望去，三水线的群峰在云雾中浮沉，大笔架山三角形山峰刺破天际。

终点
葵涌生态公园

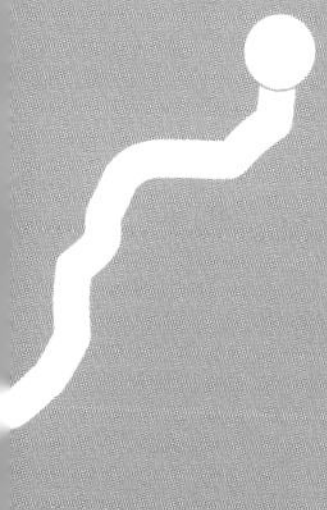

春日的山野，最懂得搭配。一路上，栀子花、杜鹃、桃金娘点缀在路边。行人说，这里的野花并非争奇斗艳，却有着一种特殊的灵性。

想当年，犁壁山曾是东江纵队的活动区，司令部旧址仍在山脚土洋村。如今犁壁山成了绿色的纽带，把马峦山的森林与大鹏半岛的浪涛，衔接在一起。由此开始，鲲鹏径也将沿海而行。

鲲鹏径十五段
KUNPENG TRAIL SECTION 15

路线长度
Length
6.5km

累计爬升
Accumulated climb
290m

难度系数
Difficulty level
★★★

观景推荐

人文景观

◎ 历史遗迹

东纵司令部旧址

观景月份	观景地点
1 月 — 12 月	YK308+600M

◎ 建筑设施

犁壁山山顶凉亭

观景月份	观景地点
1 月 — 12 月	YK299+400M

葵涌生态公园

观景月份	观景地点
1 月 — 12 月	YK310+200M

行山公园

观景月份	观景地点
1 月 — 12 月	YK303-YK308

红色文化景墙

东纵司令部旧

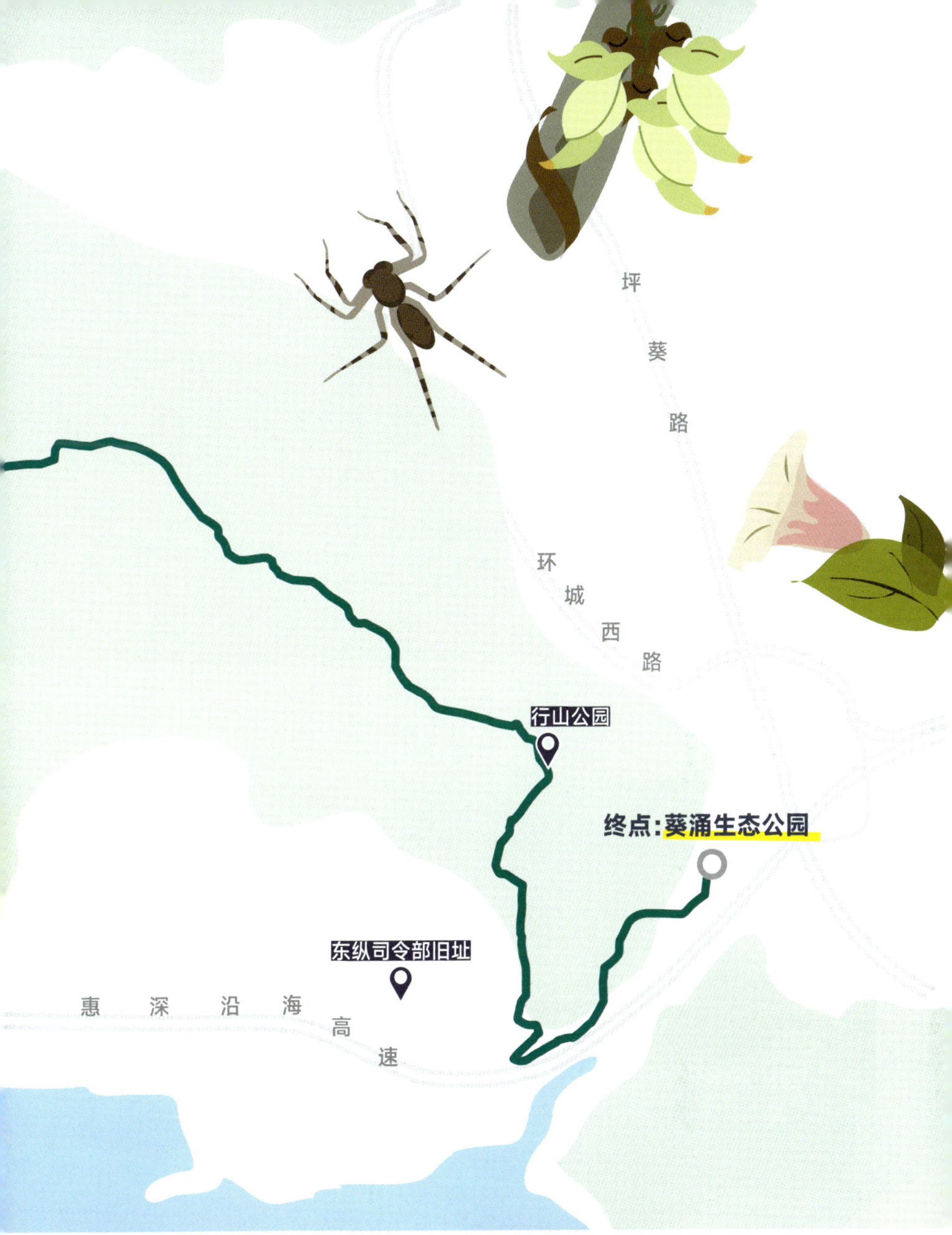

犁壁山山顶凉亭

大鹏湾

行山公园

鲲鹏径十五段720度VR全景

十五

行走笔记：

每一次抉择，都是心野的花开

我们必须做出选择，选择塑造了我们，选择永远比我们自己先行。而一旦做出选择，便拥有了自由与责任，希望就存在于我们的一次次选择之中。

▽
土洋村东江纵队司令部旧址

也许多少年后在某个地方，我将轻声叹息把往事回顾，一片树林里分出两条路，而我选了人迹更少的一条，从此决定了我一生的道路。

—— 弗洛斯特

沿途印记：

一条路，一段时光

鲲鹏径第十五段，就像一条穿越在大鹏新区山峦与海雾之间的引线，将自然与历史连接。一路上，马峦山在云雾中隐约起伏，大鹏湾的碧波映衬着帆船的剪影，而红色革命遗址为行人讲述着过去的传奇。倒也难怪，许多徒步者会把这里当成天堂。

△
黄昏时分，站在步道上，城市与海尽收眼底

▽
土洋村东江纵队司令部旧址鸟瞰图

在静谧安宁的土洋村，每一条村中小径都是历史的注脚。这个村庄不大，却曾是东江纵队（东纵）的重要据点，是东纵转运给养的中转站，是北撤山东的起点。从村庄循着海浪，走不远便到沙鱼涌海滩，这是当年东纵登船启程之地。如今沙滩似乎没有变化，可游人踩下的脚印，却隔着时空，与先辈们悄然重叠。

是的，最舒爽的是在天气清凉时启程，脚步轻快，沿着山径向犁壁山进发。犁壁山海拔超过400米，虽不算高，但却因为靠近大鹏湾而仿佛拥有了宽广的胸怀。山顶之上，一座斑驳的亭子独自面对着海风，不知已多少年。此刻，荒芜与孤独，正是最妙的留白。

▷
在葱茏草木环绕中，废弃的亭子立于高地，可俯瞰山野美景

△
葵涌生态公园

山径从犁壁山蜿蜒而下，将我们带往葵涌生态公园。这里枕着河流的臂膀，水汽总萦绕眼前。余音袅袅，慕而往之，依依青山，潺潺流水。我们来到的不只是公园，更是大自然馈赠给都市人的一片绿洲。沙池、巨型蹦床、攀爬网、四人转盘……孩子们在这里玩得不亦乐乎，用欢声笑语展现着活力与童真。

你是否实现了童年的梦想？或许更多人梦想着回到童年。在葵涌生态公园，看着暖阳下奔跑嬉戏的孩子们，大人们仿佛也回溯了童年。

行走在鲲鹏径第十五段，脚下的泥土仿佛仍沾着历史的气息。这里曾是先辈们的战场，时光一晃，场景变换，信念却如同古树扎进地底。其实，信念从未变化，他们也从未老去。过去的坚定理想与呼之欲出的未来，只是生命绽放的两种姿态。

生命物语：

山与城之间

在鲲鹏径的山与城之间，散落着一些老村。村民虽大多已搬迁，但许多自然居民还在这里生活，在时光中建立起生机勃勃的生态链。

短吻果蝠
Cynopterus sphinx
朴树
Celtis sinensis
蒲葵
Livistona chinensis
红耳鹎
Pycnonotus jocosus
番木瓜
Carica papaya
家燕
Hirundo rustica
黑疣大壁虎
Gekko reevesii
斑腿泛树蛙
Polypedates megacephalus
鹊鸲
Copsychus saularis
白额巨蟹蛛
Heteropoda venatoria
萝卜
Raphanus sativus
油麦菜
Lactuca sativa
东方蜜蜂
Apis cerana
菜粉蝶
Pieris rapae
鬼针草
Bidens pilosa
北红尾鸲
Phoenicurus auroreus
广西蟹蛛
Thomisus guangxicus
芦

链接步道：
坪大东纵步道

星星之火 可以燎原

深圳这片热土上诞生了中国共产党领导的东江纵队，铸就了宝贵而且富有内涵的“东纵精神”，一起去聆听特定历史时期的东江纵队之歌，重温那段令人肃然起敬的历史。

▷
1944 年 1 月，坪山军民庆祝东江纵队成立大会会场

从东江纵队纪念馆出发，行经东纵路、坪葵路，止于东江纵队司令部旧址，不仅可以走进石灰陂祠堂，与曾生将军跨时空偶遇；还可以一览在那个抗战时期鼓励前线士兵、传递中央指示的《前进报》报社旧址；更可以用脚去丈量东纵在这片土地上的红色记忆。

在那段特殊的年月里，在长达十多年的时间里，东江纵队从无到有，从弱到强，一个在中国抗战史上如雷贯耳的名字——东江纵队，深深地烙印在坪山这块土地上。

△
东纵纪念馆
我们不是生活在一个和平的时代，我们只是生活在一个和平的国家，但和平不会从天上掉下来，和平是先烈们用生命换来的

扫码观看《大营救》

△
前进报社旧址
这里是另一个炮火连天的战场，油墨、纸张、印刷机构成轻重武器，在新闻中前进，在硝烟中前进

△
东江纵队北撤纪念公园
东纵北撤纪念公园为纪念东江纵队北撤这一壮举而设，已被市政府列为重点文物保护单位和爱国主义教育基地

△
沙鱼涌红色记忆纪念馆
这里曾是 1946 年东江纵队北撤的地方，也是香港沦陷后，东江纵队秘密营救茅盾、邹韬奋等名人的登岸地点

△
沙鱼涌文化旅游小镇
在抗战时期，这里是华南地区与香港最重要的交通要道，也是东纵重要的交通和运输通道

◁
葵涌河碧道
葵涌河发源于罗屋田水库，与坝光径心水库串联，流经葵涌中心区等，是葵涌人民的“母亲河”，也是东江纵队胜利北撤等革命历史活动的重要策源地和根据地

鲲鹏径十六段

穿城而过的步道，
在所有的时间，
为所有的人，
率性地施展着
千变万化的风情

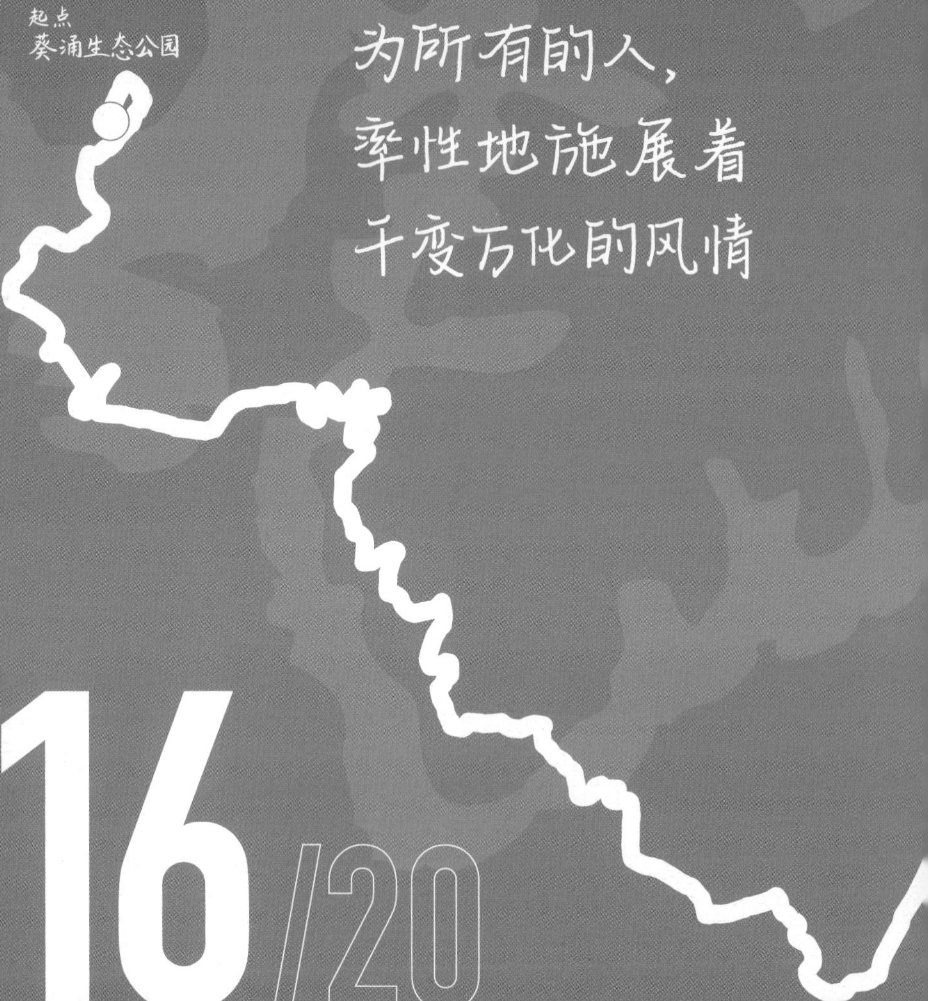

16/20

KUNPENG TRAIL

鲲鹏径第十六段起于葵涌生态公园，止于金沙大道。从这里开始，鲲鹏径首次与咸涩的海风打了一个正面的照应。山海间的行者，正是你我。

从葵涌生态公园出发，循着葵涌河的流水，直通沙鱼涌。这座静谧的小渔村，曾经是商贾云集的繁华商埠，大鹏半岛前往宝安的商道必经此处。如今，斑驳的拱福桥早已失去了往日的喧嚣，但古道上的每道裂痕都是昔日繁华的印证。沙鱼涌离古道不远，可别小瞧这片被海风吹拂的沙滩，因为鲲鹏径在这里初次与浪花相拥。在官湖，房子就如同浮在暮色里，古村、吉他、咖啡，这里的文艺气息网住了不少年轻人的心。

终点
金沙大道

跨过乌泥冲小桥，迭福山的野花在春日里正开得艳丽。咸头岭的陶片，见证了公元前5000年至公元前3000年南越先民的生活。海风裹着大海的咸味，吹来远方的讯息。这些最早的"深圳人"，是否也这样吹着海风让思绪随意飘去？他们留在沙滩上的印记，早已被浪花抹去，而此刻我们走过的路，犹如穿越时空，与他们走过的路重叠在一起。

鲲鹏径十六段
KUNPENG TRAIL SECTION 16

路线长度
Length
13km

累计爬升
Accumulated climb
347m

难度系数
Difficulty level
★★★

观景推荐

人文景观

◎ 历史遗迹

东江纵队北撤纪念公园
观景月份 1月—12月　观景地点 Y K314+100M

咸头岭新石器时代遗址
观景月份 1月—12月　观景地点 Y K330+100M

拱福桥
观景月份 1月—12月　观景地点 Y K311+300M

◎ 建筑设施

观音山公园
观景月份 1月—12月　观景地点 Y K331-Y K337

鹏城大索桥
观景月份 1月—12月　观景地点 Y K312

◎ 文化艺术

官湖村
观景月份 1月—12月　观景地点 Y K318

沙鱼涌文化旅游区
观景月份 1月—12月　观景地点 Y K313-Y K314

◎ 民俗风土

新庵古观
观景月份 1月—12月　观景地点 Y K311+400M

自然景观

◎ 地质地貌

沙鱼涌沙滩
观景月份 1月—12月　观景地点 Y K314+100M

官湖沙滩
观景月份 1月—12月　观景地点 Y K317-Y K318

咸头岭新石器时代遗址

拱

新庵古观

鹏城大索桥

官湖沙滩

鲲鹏径十六段720度VR全景

十六

行走笔记：每一种生命的胜利

当你在翻阅这本书时，阳台山的木荷花正乘风飘落；当你在地铁站匆忙换转时，大鹏湾的海鸟正与潮汐搏击。

深圳的荒野，是上万个物种的庇护地，也是亿万个生命的栖息之所。荒野里的每一个物种，和我们人类一样，都是生命演化中的幸运儿，都拥有穿越了漫长岁月的生存绝技。如果追溯生命之源，所有的物种都拥有同样的祖先，我们血脉相连，留出并呵护好荒野深圳，让深圳生命家族更完整。

——鲲鹏径行走笔记

△
在鲲鹏径十六段，古时通往宝安的商道，
被岁月铺上了落叶

沿途印记：

山海初遇，时光之痕

从葵涌生态公园到金沙大道，漫步在鲲鹏径第十六段，踩在山与海的临界处，不断寻觅这片土地最古老的记忆。一路上，蔚蓝的海岸如穿针引线一般，把河流、古村、七千年的文明痕迹缝在一起。我们走的每一步，都精准地踩着历史与自然的脉搏。

▷
鲲鹏径十六段。湛蓝大海与嶙峋礁石相依，葱郁山峦绵延起伏，远处建筑点缀其间

△
沙鱼涌波光粼粼，错落的民居沿水而立

当沙鱼涌还在诉说着山海有相逢，咸头岭已在海风中等待了7000年，这是一片位于大鹏湾畔的沙丘遗址。7000年来，古潟湖滋养着这片土地，先民们在此捕鱼、制陶、生火，他们的脚步跨过时空与我们重叠呼应。时间似乎在这里打上了一个结。于是，考古学家用毛刷拂去陶片与石器上的尘土，显露出的，正是深圳最早的“人间烟火”。

当海风拍打着脸颊，石砾躲进鞋底。这阵风为何如此似曾相识？这石子究竟穿越了多少万年才与我们相遇？

我们面对时间总是渺小如沙粒，可对于沙滩来说，每一粒沙，都同样重要。

△
从空中俯瞰咸头岭，蓝顶建筑与绿树相依

对了，先把厚重与意义扔在一边，让我们从咸头岭走到官湖村。这个海边的村落，将现代人对山海的爱藏在白墙青瓦间，掺杂进古榕下咖啡馆飘出的香味里。这里没有汽笛轰鸣，取而代之的是浪花拍岸的旋律，是树叶在风中的悄声细语。跨过乌泥冲石桥，沿着迭福山绿道拾级而上，春日里野杜鹃和桃金娘，正在跟石阶暧昧，在每个转角都暗暗地藏着惊喜。停，请驻足环视，左手是漫山遍野的春天，右手是粼粼波光的浩荡，山川与湖海，此刻终于成了山川湖海。

△
在深圳官湖村，多彩的民居在阳光下明艳动人

△
7000 年前的新石器时代，大鹏半岛咸头岭的海岸边，深圳先民获取食物的主要方式是渔猎和采集

生命物语：

在鲲鹏径上走过7000年

△
7000 年前咸头岭生活景象（深圳博物馆制）。咸头岭是深圳地区迄今发现最早有人类活动遗迹的地方，该遗迹属新石器时代中期。采集和狩猎是先民主要的维生方式，大鹏湾海岸边的沙堤拦阻了海浪的侵袭，迭福河提供了淡水，咸淡水交汇的入海口可捕捞丰盛的鱼虾

尽管 14 万年前就有人类居住在广东以北的山洞里，在深圳，目前发现最早有人类活动的痕迹距今只有 7000 年——地点是在鲲鹏径十六段咸头岭的海岸边。这并不意味着人类 7000 年前才出现在这片土地上，因为，1.8 万年前的冰河期，深圳的海平面比现在低 130 米，今日深圳的海岸线距当时海洋的距离超过 120 千米——古老的海岸线早已淹没在海底，那些深圳古老先民留下的痕迹早已荡然无存。

△
咸头岭新石器时代中期遗址出土的彩陶圈足盘

当 7000 年前的陶片拂去尘灰，官湖的咖啡正飘出浓香；当昔日的繁华被海风吹散，民宿的吉他正扫着和弦；当古潟湖的涛声仍在回响，我们的内心正渴望宁静。

▷
咸头岭新石器时代遗址

从咸头岭的沙地走向官湖的日落，我们被拉长的身影，正重叠着一场跨越几千年的历史。一切都在诉说着：深圳的脉搏，始终在山海相逢处跳动得最为炽烈。

◁
官湖，鲲鹏径上能拍到落日的沙滩

鲲鹏视界：

深圳的海，藏着鸥的梦与诗

△
海面上的褐翅燕鸥

诗人哑默在《海鸥》一诗里写道：

“小小的翅膀上
翻卷着大海的波浪
身子净洁
饱吸露珠、阳光
细长的尖嘴
衔来星空和汪洋……”

海鸥，这个充满诗意的词，并不是某一种鸟的名字，而是 53 种鸥科海鸟的总称。

大鹏半岛蜿蜒的海岸和星罗棋布的海岛，是迁徙海鸟的重要通道和夏候海鸟的繁殖地。整个中国记录到的海鸥有 19 种，在大鹏半岛就已发现了 15 种。

这些鸥科海鸟的羽毛大多是白色和时尚的高级灰，喜欢在海岸附近浅海区觅食。有趣的是，在深圳观察到的鸥科海鸟并不会潜水，它们身手敏捷，以迅雷不及掩耳的速度扎进海里捕获猎物，又迅速飞起来。

在这些鸥科海鸟中，有的是冬季南飞到深圳过冬的冬候鸟，有的是继续南飞或北迁路过深圳的过境鸟，还有的是初夏从南方飞来的夏候鸟。它们不仅在深圳生活，还会在深圳生儿育女。这些鸥科海鸟的眷顾填补了空白，在深圳，繁殖的候鸟极为罕见。

▽

海面上的黑枕燕鸥

△

深圳近海的岛屿上，粉红燕鸥、黑枕燕鸥、褐翅燕鸥聚集繁殖

▽

大鹏湾里追随布氏鲸觅食的褐翅燕鸥。燕鸥擅长在海面上俯冲觅食

鲲鹏径十七段

走在鲲鹏径，
所有人都格外
欢欣，
因为正在免费享受
着这个城市里
奢侈的美好

17/20

KUN PENG TRAIL

尽情拥抱山川与大海吧！

若问鲲鹏径哪一段与大海最为亲密，非第十七段莫属。这一段起点在金沙大道，终点在鹅公村。且向南行，穿过市政道路，抵达云海山庄，再向英管岭攀登。英管岭是一座不过200米的小山峰，看似平平无奇，正因其四周无更高山岭，反倒成了绝佳的观景台。站在山顶极目远眺，东方的海面浩瀚无垠，延伸至香港西贡；西北与东南方向，一片片小沙滩在夕阳的轻抚下，染上了温暖的橘色，如油画般宁静。继续前行，便能邂逅明代遗留的水头烟墩，那斑驳的墙体，诉说着那些英勇无畏的历史。

沿途至南澳月亮湾，仿佛踏入繁华热闹的渔港世界。端午时分，这里更是热闹非凡，深圳唯一的海上龙舟赛在这里激情开赛，整片大海为之沸腾。海鲜市场的腥味混合着咸咸的海风，吸引着游客驻足，这一切都是大海的馈赠。

鹅公村在旅途的终点，被海湾温柔环抱，静谧伫立。尽管无法靠近沙滩，但海风和海浪早已将这个村庄萦绕。听着大海的呼吸，也循着时间的轨迹。

鲲鹏径十七段
KUNPENG TRAIL SECTION 17

路线长度
Length
17km

累计爬升
Accumulated climb
439m

难度系数
Difficulty level
★★★★

观景推荐

人文景观

◎ 历史遗迹

水头烟墩

观景月份	观景地点
1月一12月	英管岭

◎ 建筑设施

金沙湾滨海公园

观景月份	观景地点
1月一12月	金沙湾

英管岭

观景月份	观景地点
1月一12月	英管岭

南澳广场

观景月份	观景地点
1月一12月	Y K358

南澳月亮湾

观景月份	观景地点
1月一12月	Y K359

鹅公村

观景月份	观景地点
1月一12月	Y K374+300

◎ 民俗风土

大鹏新区海上龙舟赛

观景月份	观景地点
5月一6月	Y K359

双拥码头海鲜市场

观景月份	观景地点
1月一12月	Y K360

自然景观

◎ 地质地貌

南澳第一沙滩

观景月份	观景地点
1月一12月	Y K354+200M

洋畴湾

观景月份	观景地点
1月一12月	Y K366+100M

政洁沙滩

观景月份	观景地点
1月一12月	Y K368+200M

南澳第一沙滩

南澳月亮

金沙湾滨海公园

英管岭

鹅公村

鲲鹏径十七段720度VR全景

十七

行走笔记：

若我目光似箭

若我目光似箭，我将穿透云雾，翻涌的海将向我显现无余。向南凝望，南海舒展成浩渺无垠的蓝色翡翠，曾母暗沙的珊瑚正绽放成一片绚烂花海。向东远眺，视线掠过中国台湾南部的高雄，城市的玻璃幕墙同样倒映着晚霞。继续越过苍茫的太平洋，视线在一万多千米之外的加利福尼亚半岛登陆。

此刻，我才惊觉，深圳从来都不是地图上一个孤立的坐标点，这座被称为“鹏城”的城市，每一寸土地都闪耀着全球海洋中心城市的粼粼光。

我们，从这里奔赴星辰大海。

在深圳，世界奔我而来！

—— 鲲鹏径行走笔记

▷
南澳广场旁边的海岸。海水环抱，岸边建筑错落，小艇游弋

沿途印记：

谁，是时间的优胜者

鲲鹏径途经的大鹏半岛，以亿万年的呼吸，将山海舒展。侏罗纪时期的海岸地貌和跨越2亿年的生物群化石，在这里凝固成时间的史诗。这里不仅珍藏着来自遥远时空的天外陨石，大鹏半岛国家地质公园的火山岩风貌更是独具魅力。这片古老的土地，藏着宇宙级别的浪漫秘密。

△
本内苏铁化石，也被称为“深圳第一花”

◁
英管岭上的徒步者

2004年，在鲲鹏径十七段英管岭附近的打石场中，一块古老的本内苏铁化石被发现。本内苏铁被称为“中生代开花植物”，是侏罗纪植食恐龙的美食。蕨叶繁茂间，一朵栩栩如生的“球花”静静绽放。这朵定格在时光中的花，早已盛开了2亿年。这朵凝固的“球花”给我们带来穿越时空的庆幸与反思：在这颗蓝色星球上，有无数物种，未能穿越物竞天择的岁月，便彻底消亡；它们也曾热烈生活，积极绽放，或许就像此刻代表地球最高文明的人类文明一样。

△
沿着观音山的山脊线行走，可以充分感受大鹏半岛的峡湾形胜，西侧的大鹏湾和东侧的龙岐湾，沿线经过水头烟墩

△
大鹏半岛海岸。澄澈蓝天与幽蓝海水交相辉映。历经岁月雕琢的嶙峋礁石，带着大自然的粗犷纹理，与覆盖着翠绿植被的山峦相连

太平洋的风，已在大鹏半岛吹拂亿万年。在这片山海相拥的土地上，大鹏半岛融合了山、海、石的壮丽，书写着地球的时间史诗。侏罗纪的火山早已熄灭，但火山喷发的遗迹却仍与海浪交织，足以媲美英国的侏罗纪海岸。由此，段维提出了“大鹏侏罗纪海岸”的概念，建议大鹏申报世界自然文化遗产，将这片瑰丽的自然奇迹展现在世人面前，让亿万年的史诗继续鲜活下去。

反观他者的消亡，最能引发自身思考。

2 亿年前，地球上尚未有人类的足迹。位于华南大陆的深圳地区，雨水丰沛。“深圳第一花”本内苏铁便在这肥沃的土地上尽情舒展着叶片。时间无情，一晃到如今，许多生命早已衰亡，消失在无尽的地壳运动中，弥散在时间的长河里，只留下曾经绽放的些许痕迹。

今天的深圳，目之所及，无论是鲲鹏径第十一段密林中凶猛的野猪，还是鲲鹏径第十七段海域里的浮游生物，抑或是终日忙碌的你我，都是在亿万年演化中脱颖而出的“优胜者”。我们此刻共同栖居于此，是亿万年的机缘。

△
鲲鹏径十七段南澳月亮湾

生命物语：

开启深圳深蓝新篇

扫码观看《一起去看望海底的鱼》

△
刺冠海胆。刺冠海胆的薄壳为半球形，除了黑紫色长刺之外，体壳顶端有一颗突出的葡萄状肛门

7000 多年前，深圳这片山海相接的土地，或许一片荒芜，丛林茂密，虎象横行，而那些最勇敢的迁徙者，却将自己的命运托付给深圳的海浪。他们越过原野，踏上滩涂，定居在这里。在刀耕火种的年代，陆地的野兽远比海洋生物更为凶猛，牲畜也比海鲜更为珍贵。因此，鱼是深圳先祖们蛋白质的主要来源。可以说，深圳一代代的原住先辈，都是海洋的子民。

根据 2015 年出版的《深圳珊瑚图集》记录，仅香港渔农自然护理署和香港自然探索学会公布的资料，大鹏半岛海域记录到的海鱼有 233 种。历史上，深圳的近海曾是大量海鱼集群的渔场。

△
大亚湾海底一角。粉红的软珊瑚绚丽生长，色彩斑斓的海鱼游荡。对深圳来说，如果能维护恢复景象优美、物种多样的生境，海底旅游观光带来的经济效益远比捕鱼要大得多

如果有可能，期待有一天深圳实现全海域全年禁渔，禁渔不仅是保护海底生命的举措，也是在修复深圳的海洋生态系统——事实上，在养殖业如此发达的今天，“禁渔”不会对我们的餐桌产生大的影响。

△
乌贼。乌贼也就是海鲜菜单上的墨鱼

△
长鳍篮子鱼。长鳍篮子鱼常被人叫作泥猛

让舒展的鱼群与珊瑚共舞，让摇曳的水草编织乐园，让深圳的海底世界焕发蓬勃的生机。如果有一天，捕鱼船变成游船，渔网变成潜水器，我们会发现，这片蔚蓝海洋带来的不仅是餐桌上的鲜美，更是人与自然共生的智慧。

鲲鹏径十八段

这是一个适宜苦干
也适宜休憩的城市，

这是一个可以四处
漫游也可以安顿
身心的城市……

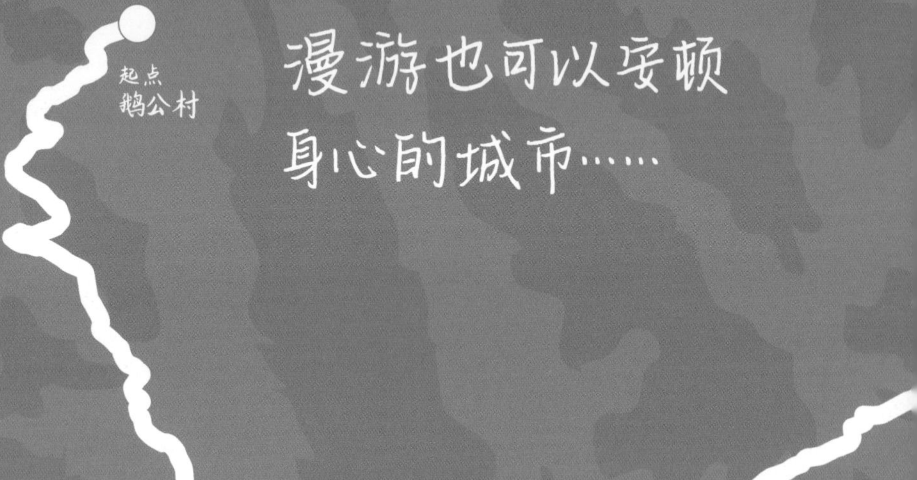

18/20

KUNPENG TRAIL

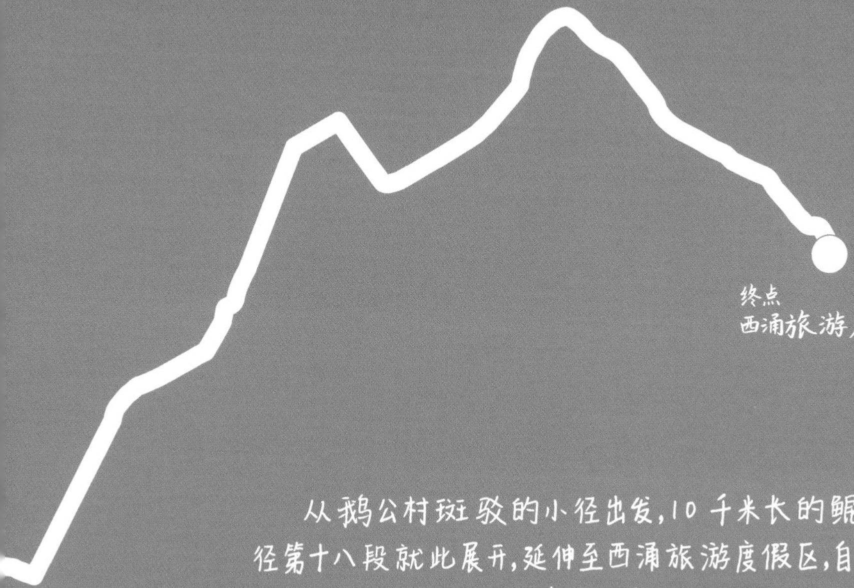

从鹅公村斑驳的小径出发，10 千米长的鲲鹏径第十八段就此展开，延伸至西涌旅游度假区，自然与人文的融合如潮水般席卷而来。

从荒废的鹅公村出发，我们踏着薄脆的阳光，沿宽阔的山路渐渐深入大鹏半岛西南部。这里被茂密的林木织绿了穹顶，一路向前，大鹿港观景平台突然把整片宁静的玻璃海推至眼前。我们用脚步丈量着狭窄的西贡古道，脚步轻快，生怕把这阳光踏碎。抵达终点时，宽广的西涌海滩豁然开朗，铺陈眼前。

行走在鲲鹏径第十八段，海风掠过山野，涛声伴着古村，沙滩拥抱潮水。与其说是世外桃源，不如说是大自然给予我们的馈赠。

鲲鹏径十八段
KUNPENG TRAIL SECTION 18

路线长度
Length
10km

累计爬升
Accumulated climb
181m

难度系数
Difficulty level
★★★

观景推荐

人文景观

◎ 历史遗迹

西贡古道
观景月份 1月—12月　观景地点 YK383-YK385

◎ 建筑设施

大鹿港观景平台
观景月份 1月—12月　观景地点 YK381

沙岗村客家民居
观景月份 1月—12月　观景地点 YK389+200M

西涌暗夜天文馆
观景月份 1月—12月　观景地点 YK389+300M

西贡村客家民居
观景月份 1月—12月　观景地点 YK385+100M

◎ 民俗风土

西贡谭仙古庙
观景月份 1月—12月　观景地点 YK386

自然景观

◎ 地质地貌

西涌沙滩
观景月份 1月—12月　观景地点 YK389+800M

大鹿港观景平台

西贡古

沙岗村、西贡村客家民居

西涌沙滩

西涌暗夜天文馆

鲲鹏径十八段720度VR全景

十八

行走笔记：
一株嫩芽，到一棵古树

每一粒种子，都有长成大树的潜能；但不是每一粒种子，都能成为大树。

一棵上百年的大树，本身就是跨世纪的奇迹。从一株嫩芽到一棵苍天大树，它们已成为一个宽广慈悲的生命。它们敞开怀抱，任由藤蔓在枝丫上攀附，容纳鸟儿在臂膀上筑巢，为微观的菌类提供生存的养分。

这样一棵古树的生态系统，不仅是鲲鹏径的一部分，更是整个深圳生态经络的显影。它蒸腾的水汽，或许正化作大鹏半岛上空的积雨云，又滴落在我们头顶。它孕育了多样的生命，其美妙之处在于遗传密码的深奥与基因编码的井然有序，正如威尔逊所说：“不亚于太阳系中全部行星表面的所有秩序。”

暮色中，站立在古老的树冠下，我们感到好奇和惊异，当年它还是一株嫩芽时，会是怎样的场景呢？

—— 鲲鹏径行走笔记

▷
半天云村后风水林中超过 400 年的秋枫，要 5 个人才能合抱

沿途印记：

栖居大地的见证者

行走在鲲鹏径第十八段，大鹏半岛的古村井然有序，如散落的棋盘浮现在眼前。在村里，我们总会猝不及防地跟某棵古树撞个满怀，被青翠欲滴所折服。

岭南的阳光将丰沛的水汽蒸腾，孕育出草木茂盛的乐土。或许是对树木庇佑的感恩，岭南的历史文化中也保留了更多对树木的崇敬与敬仰。夕阳将葱茏树影斜斜摊开，一阵清风吹过，骤然惊起一群白鹭。树叶震颤，诉说着生命的天长地久。

◁
西贡村

在西贡古村的村口，一棵近600岁的古樟树巍然屹立。当它刚刚生根时，还是在明朝。历经数百年风雨，这棵古树将所有的时光都凝聚成了向上生长的力量。如今，它依旧枝繁叶茂，需要3个大人展臂才能将其环绕。直至现在古樟依旧静静地守护着村庄。岭南先民似乎与古树达成了某种约定，人们相信，古树攸关一方风水，与乡里的命运紧密相连。它如同神秘的宗教符号，也让附近栖息的生命，在时空里找到属于自己的坐标。

△
驻守西贡古村村口的古樟树

▽
半天云村的秋枫树

在半天云村，两棵树龄超过 500 年的秋枫树静静伫立，一棵在村口，一棵在小溪旁。这个曾入选“广东省最美自然生态村落”的地方，以其独特的自然景观与深厚的历史文化而闻名。村中古树林立，记录在册的就有 18 棵，每一棵都仿佛在讲述着先民们与自然共处的故事。

西涌的先民曾沿着一条古道走出深山，开辟出这片宁静的土地。从古道俯瞰，西涌这个三面环山的小平原尽显静谧祥和。自明代起，先民们便在此定居，逐渐建立了西贡、沙岗等村落。许多古老的民居至今仍保存完好，古樟和榕树也在岁月的洗礼中，见证了数百年的风雨沧桑。

在沙岗村的协天宫左侧，一棵树龄约 515 年的古龙眼树与一棵同龄的古榕树并肩而立，仿佛是植物界的“管鲍之交”。500 多年来，两棵树的根系早已在地下缔结了庞大的网络，它们风雨同舟，枝叶相触，共同守护着协天宫，守护着生活在这里的村民。

西涌沙滩是深圳最长的原始沙滩，拥有最完整的自然生态系统。面朝浩瀚大海，视野无限延展。

△
西贡古道上的风景

◁
东西涌海岸

向大鹏半岛的最南端漫游，临近海边处便是西涌国际暗夜社区，这里是深圳空气污染、光污染最少的区域之一。作为中国第一个国际暗夜社区，西涌致力于减少过度照明，融入星空与自然和谐共生的理念。

晴朗的夏夜属于星空，银河如镶满碎钻的丝带悬挂天际。头顶是来自宇宙的星潮，脚下是奔涌的海潮，身旁是古树、古道，我们就如此聆听星潮与海潮的共鸣，承接着来自光年之外的浪漫闪烁。此刻，自然与星光达成诗意平衡，彰显着鲲鹏径十八段独特的魅力。

◁
西涌国际暗夜社区上空的夏季银河与满天星辰

生命物语:

从一棵古树看见生命的“宇宙”

一棵百年大树，早已成为生命的电视连续剧。古树不仅接纳各种生命栖息，还提供各种食物。鸟儿在树梢筑巢孵化幼小生命，斑驳的树干上悬挂着蜜蜂的家园，蝴蝶绕着花朵翩跹采蜜，天牛在树干凿着藏身之所，毛毛虫啃食着绿叶积蓄着能量，蚂蚁列队穿行，藤蔓缠绕攀登，寄生的真菌在微观世界里横行……

植物：

① 榕树 *Ficus microcarpa*
② 对叶榕 *Ficus hispida*
③ 番木瓜 *Carica papaya*
④ 鬼针草 *Bidens pilosa*
⑤ 蔓九节 *Psychotria serpens*
⑥ 五色梅 *Lantana camara*

鸟：

⑦ 暗绿绣眼鸟 *Zosterops simplex*
⑧ 红耳鹎 *Pycnonotus jocosus*
⑨ 红嘴蓝鹊 *Urocissa erythroryncha*

两爬：

⑩ 中国壁虎 *Gekko chinensis*
⑪ 黑眶蟾蜍 *Duttaphrynus melanostictus*
⑫ 中国树蜥 *Calotes wangi*
⑬ 蟒 *Python bivittatus*

虫子：

⑭ 巴黎翠凤蝶 *Papilio paris*
⑮ 斑络新妇 *Nephila pilipes*
⑯ 报喜斑粉蝶 *Delias pasithoe*
⑰ 广斧螳 *Hierodula patellifera*
⑱ 黄猄蚁 *Oecophylla smaragdina*
⑲ 榕透翅毒蛾 *Perina nuda*
⑳ 榕小蜂 Agaonidae
㉑ 网丝蛱蝶 *Cyrestis thyodamas*

哺乳动物：

㉒ 豹猫 *Prionailurus bengalensis*

链接步道：

西涌天文步道

寻找光年之外的故乡

大鹏半岛的西涌天文步道，途经被《中国国家地理》杂志评选为“中国最美八大海岸”之一的大鹏半岛海岸线。在这里，天气晴朗时，白天可以远眺无垠的南海海域，夜晚则可欣赏银河拱桥横跨南北的壮丽景象。

△
西涌国际暗夜社区上空的银河拱桥。西涌社区是中国第一个国际暗夜社区，这里减少了过剩照明，繁星满天的夜空吸引了四方来客

△
深圳市天文台上空的夏季银河

我们DNA里的氮元素，我们牙齿里的钙元素，我们血液里的铁元素，还有我们食物中的碳元素，都是曾经宇宙大爆炸时的万千星辰散落后组成的，所以——我们每个人都是星辰。

——天文学家　卡尔·萨根

△
深圳天文台上空观测到的紫金山－阿特拉斯彗星

△
夏日里，天文台上空星辰的轨迹与七娘山里萤火虫飞行的轨迹交相辉映

为什么仰望星空？在这个人口密度高、步履不停的城市里，仰望星空是最不靠谱的举动之一。与身边的其他事相比，遥不可及的星空那样遥远而虚无。

只是，星空在那里，在看不到起点和终点的空间里，在探不到起始与尽头的时间里，星空始终在那里。

仰望星空，倘若有悟性，能望穿诱人沉迷的人间游戏，能看到欲望应该停下来的边界，能发现心底原有的敬畏和怜悯，能找到回家的路。

鲲鹏径十九段

每当迎面吹来
微微咸味的海风，
内心便找到
出发的原因

19/20

KUNPENG TRAIL

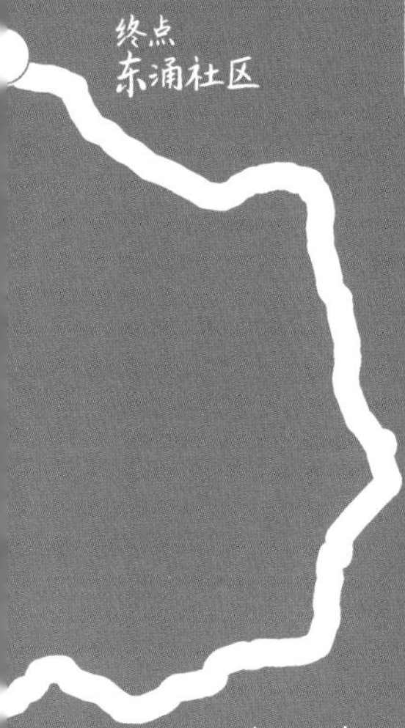

鲲鹏径第十九段，亦被称为“东西涌穿越线”，是全线最具挑战性的路段。2005年，《中国国家地理》杂志将大鹏半岛海岸线评为中国最美八大海岸之一，而东西涌一带，无疑是这段海岸线最耀眼的宝石，浓缩着所有的精华。

当我们从西涌旅游度假区出发，奔赴这场与大海的浪漫之约，无需多久，我们便能与南海热烈相拥。翻涌的海浪撩拨心弦，心潮正如这海潮般难以平息。沿着海岸线前行，沿途巨石星罗棋布，行走其间需要小心翼翼。东涌的穿鼻岩，是数百万年海蚀作用的杰作。穿过洞口，我们仿佛听见大海用低沉的声音倾诉着万年的故事。登上天文台栈道，极目远眺，天空与大海在远方交汇成一条优美的弧线，倒也懒得分清哪里是天哪里是海了。草海桐在海风的吹拂下，身姿摇曳，展现出顽强的生命力。

继续在这条挑战与惊喜并存的路上前行，巨浪奔腾，不禁令人想起苏轼的那句“寄蜉蝣于天地，渺沧海之一粟”。最后，跨过东涌桥，仿佛从喧嚣世界走进宁静港湾，感受到的是静谧与安宁。这一段的行走，不仅是身体的跋涉，更是心灵的洗礼。一切都在告诫我们，要常怀着一颗敬畏之心。

鲲鹏径十九段
KUNPENG TRAIL SECTION 19

路线长度
Length
6km

累计爬升
Accumulated climb
66m

难度系数
Difficulty level
★★★★★

观景推荐

人文景观

◎ 建筑设施

深圳市天文台
观景月份 1 月 — 12 月
观景地点 YK398+300M

“穿越东西涌”打卡点
观景月份 1 月 — 12 月
观景地点 YK402+50M

“浪石逐梦”打卡点
观景月份 1 月 — 12 月
观景地点 YK403+300M

◎ 民俗风土

东涌天后宫
观景月份 1 月 — 12 月
观景地点 YK403+450M

自然景观

◎ 地质地貌

东西涌海岸线
观景月份 1 月 — 12 月
观景地点 YK396-YK404

西涌穿鼻岩
观景月份 1 月 — 12 月
观景地点 YK396+200M

东涌穿鼻岩
观景月份 1 月 — 12 月
观景地点 YK404+800M

东涌沙滩
观景月份 1 月 — 12 月
观景地点 YK404+300M

◎ 生物景观

东涌红树林湿地园
观景月份 1 月 — 12 月
观景地点 YK403+600M

露兜树
观景月份 10 月 — 12 月
观景地点 沿海均有

草海桐
观景月份 1 月 — 12 月
观景地点 沿海均有

“穿越东西涌”打卡点

东涌天

东西涌海岸线

深圳市天文台

东涌沙滩

鲲鹏径十九段720度VR全景

十九

行走笔记：在多变地貌中收获确切幸福

鲲鹏径，正如其名。

“北冥有鱼，其名为鲲……化而为鸟，其名为鹏。”从湖泊到山林，从礁石到沙滩，从城市到山野，这条200多千米的步道，地形地貌正如鲲鹏一般实现着蜕变。当我们行走其间，一路欣赏着变幻，一路找寻着自我，一路惊叹着丰富，而所谓自由，不就是这种对生命本真的追寻与回归吗？

正如有人说：“每一次在鲲鹏径上行走，都会给我带来‘小小的、确切的幸福’—— 这条步道的地形地貌是如此多变，自然景观是如此多样，生命物种是如此丰盛 —— 可以媲美世界上最美最有特色的都市步道。”

—— 鲲鹏径行走笔记

△
东涌海岸礁石

沿途印记：

海岸线上的自然史诗

△
鲲鹏径十九段的海岸线上，嶙峋礁石错落于碧海之间，海浪不断拍打着，泛起白色浪花

若说深圳的山海是一首跌宕起伏的交响乐，那鲲鹏径第十九段“东西涌穿越线”无疑是其中最扣人心弦的篇章。这条被《中国国家地理》誉为“中国最美八大海岸”之一的徒步路线，以嶙峋礁石作琴键，以滔天白浪为颤音，以隐秘的红树林为旋律，在6千米的海岸线上，弹奏着南海的狂想曲。

从西涌沙滩启程，徒步者便被自然的地质裹挟。百米高的玄武岩绝壁将海浪击碎，炸成万千雪沫；巨石阵如沉睡的巨兽横亘在海岸线上，被海风侵蚀出泪痕。行走其间，需脊背贴着崖壁，指尖嵌入岩缝，每一步都稳扎稳打。当咸涩的海风夹杂着腥味冲进鼻腔，我们陡然明白：在此地，文明社会的规则失效，唯有对自然的谦卑方能通行。

穿鼻岩，一座由海浪雕琢百万年的天然拱桥横空出世。当阳光穿透拱桥下的浪花，岩壁上折射出彩虹般的光晕，徒步者恍若踏入神话中的龙门。

当惊涛骇浪的震撼尚未平息，东涌红树林湿地又以另一种静谧之美震撼我们的心灵。这片深圳最东端的“海上森林”，藏着自然界最精妙的生存智慧：秋茄树的胎生幼苗随潮水漂流定居，白骨壤的呼吸根如竖琴琴弦般探出淤泥。

▷
海蚀拱的穿鼻岩

湿地栈道犹如游龙，盘旋在红树林之间。白鹭舒展着洁白的身影；弹涂鱼在泥潭上跃动，跳着滑稽的求偶舞步。最令人震撼的还得是退潮时分，滩涂化作生命的舞台，成千上万的小沙蟹挥舞螯足，把泥沙团成浑圆的球体，仿佛在排演一场微观世界的丰收庆典。科学家在此监测到 126 种鸟类，而当地老人却说，每棵红树里都住着一位守护神，维系着“人不敢惊鸟，鸟不曾避人”的古老约定。

△
东西涌全貌

人类从未如此渺小——

当登上海蚀崖，我们脚下踩的玄武岩，是 7000 万年前火山喷发的证据；头顶上倾泻的星光，可是穿越数万光年黑暗，才在此刻落入眼睛；我们吸进肺里的每一个空气分子，都是恒星爆发的产物……在这种时空尺度下，人类的文明似乎瞬间不值一提。正所谓“寄蜉蝣于天地”，我们每个人，都成了山海之间的一粒微尘。但至少，我们有幸参与了宇宙的生命诞生之旅。

在摩天高楼的玻璃幕墙之外，这个城市始终保留着未被人类驯服的野性山海。

是悖论吗？是矛盾吗？不，这恰恰是自然与城市的和谐统一。

行走在东西涌穿越线上，那些被海风雕琢的岩石，那些映衬在海里的灿烂星河，就好像在告诉我们：如果有神灵，那也绝不在庙堂，而是消散在自然的万物之中。

生命物语：

海岸线上的多样地貌

扫码观看《大鹏的眼睛》

大鹏半岛的海岸线总长度为 133 千米。深圳未被填埋改造的原生态海岸线大多分布在大鹏半岛。

当深圳其他海岸线逐渐被混凝土融合，这片占据全市八成原生态岸线的半岛，却以未经雕琢的野性之美，向世人展示着自然造物的鬼斧神工。从火山岩构成的陡峭岬角，到沙粒经万年淘洗形成的月牙形海湾，每一寸土地都在诉说着地质运动与海洋生命的对话史。

△

海蚀拱 一个 1 米高的海浪，每秒传递在绵延 1 千米海岸上的能量是 8×10^{6} 焦耳。海浪和潮汐年复一年地拍打着海岸，终于贯穿了海岬，岩石顶部却没有崩塌，形成了奇特的拱门，这就是海蚀拱

△

砾石滩 天长地久的岁月里，海浪带动大小石块、沙砾打磨出了海滩圆滑的卵石。每次海浪退去，卵石都会相互碰撞，发出细碎密集的声响，犹如一支小鼓队

△

海蚀平台 海浪拍打、撞击，让海岸的岩石崩塌，海浪又不停息地将碎裂的岩石卷走，在海边留下了平缓的海蚀平台

◁

海沟和海蚀洞 浪花跌落地面所造成的压力可以达到每平方米 25 吨。海浪扑向岩石，压迫岩石缝隙中的空气，产生的力量可以迫使细微的裂缝逐渐变宽。天长日久的侵蚀，在海岸边雕塑出了陡峭垂直的海崖、狭窄的海沟和深深浅浅的海蚀洞

▷
沙滩 深圳56个沙滩中有54个分布在大鹏半岛。火山喷出的岩浆凝固后形成火成岩。上亿年里的风化，大块的石英会逐渐破碎成小块，加上海水反复磨砺，让易溶于水的成分慢慢流失，坚硬的部分保留了下来，变成了海岸边的一粒粒海沙

▷
海蚀柱 海蚀柱是海岸受海浪侵蚀，崩坍而形成的岩柱

△
核心石 时间的重量，让石头开花。地处亚热带的深圳，白天艳阳高照，岩石被晒得火烫，夜晚，海风吹来，气温下降，冷热不断交替，岩石热胀冷缩，加速崩解。碎石被海水卷走，留下较为坚硬的核心石，风化后的核心石犹如花朵

△
锈蚀纹 岩石上的橙色纹理，实际上是锈蚀纹，是岩石中的铁被氧化，释放氧化铁后，又渗透进岩石的缝隙，形成了这些毕加索画作似的图案

△
侵入岩 亿万年前，火山爆发时，流动的岩浆会透过裂缝侵入原有的岩石，凝结成岩脉。在深圳海岸边见到的侵入岩，有的只有一指宽，有的达数米宽，有的长度延绵数公里，可以想象出当年炽热的岩浆奔涌时见缝插针的景象

◁
礁石上的“莫高窟” 一些海岸生物喜欢钻洞，以躲避海浪、猎食者和暴晒。它们用顽强的毅力挖掘、削刮，甚至用化学物质溶解的方法，在礁石上钻出了一个个安全的窝

鲲鹏径二十段

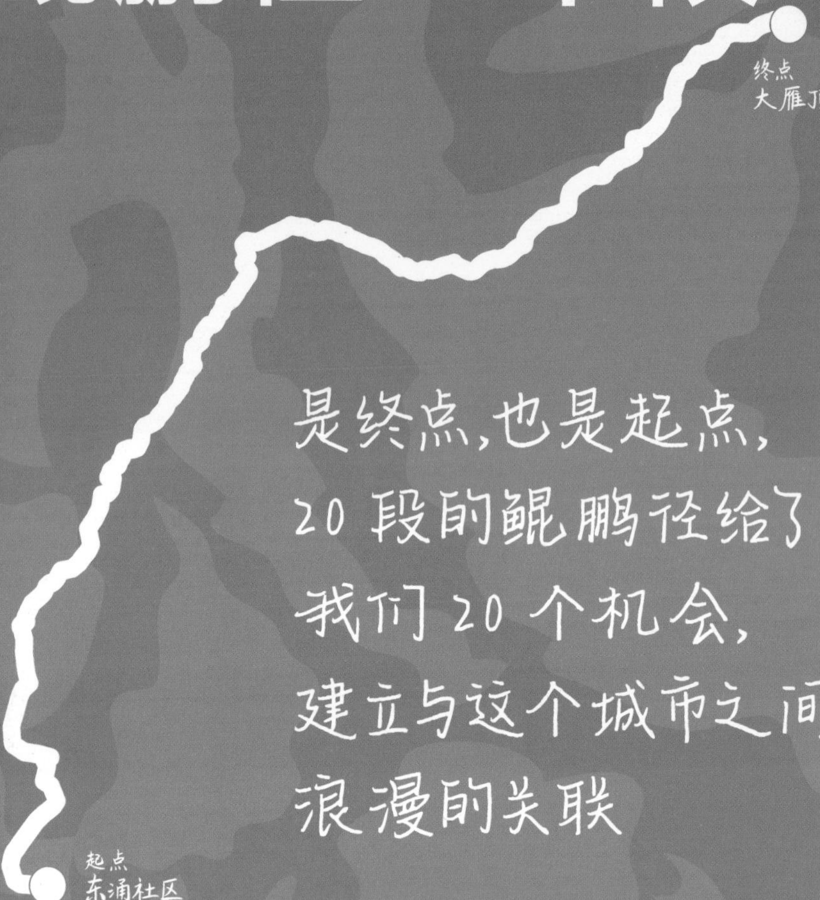

是终点，也是起点，
20 段的鲲鹏径给了
我们 20 个机会，
建立与这个城市之间
浪漫的关联

20/20

KUNPENG TRAIL

我们的旅程，即将步入终章！这条横贯深圳东西的生态长卷，经过200多千米的跋涉，终点已然在望。

从东涌社区出发，鲲鹏径第二十段立即进入山野。陡然间，登山口至三角山的自然步道一路攀升，让人猝不及防。沿途茂密的岗松在海风的挑逗下，翻涌着阵阵碧浪，切割着晨光。登上三角山最高的观景台，快艇在东涌和三门岛之间拉扯波纹。三门岛全貌清晰可见，此刻我们的呼吸也与海浪同频。

当穿越一个U形山坳，我们就从三角山来到了大雁顶。遥望大雁顶，古火山磅礴的气势扑面而来，仿佛能听见大地的轰鸣。踏上大雁顶平缓的山顶平台，这里仿佛被时间遗忘，鲲鹏径的终点标识如沉默的守护者伫立于此。山矾树在山风中盛放成一场盛大庆典，专为我们抵达终点鼓舞欢欣。

当我们用沾满泥土的掌心触摸终点标识，才发现这场穿越整个深圳的徒步，早已将阳台山的蝉鸣、梧桐山的云雾、大鹏湾的潮汐，以及我们的每一个脚印，酿成了流淌在我们心底独一无二的城市记忆。

这或许就是徒步鲲鹏径的真正意义所在——用自由，串联生命、城市与自然。

鲲鹏径二十段
KUNPENG TRAIL SECTION 20

路线长度
Length
4km

累计爬升
Accumulated climb
831m

难度系数
Difficulty level
★★★★

观景推荐

人文景观

◎ 建筑设施

大雁顶山顶平台
观景月份 1月—12月
观景地点 YK415

大雁顶三号观景平台
观景月份 1月—12月
观景地点 大雁顶三号观景平台

鹿雁科考线
观景月份 1月—12月
观景地点 大雁顶 - 过店

自然景观

◎ 地质地貌

三角山
观景月份 1月—12月
观景地点 YK411

过店
观景月份 1月—12月
观景地点 过店

鹿嘴山庄
观景月份 1月—12月
观景地点 鹿嘴山庄

◎ 生物景观

岗松
观景月份 1月—12月
观景地点 YK407-YK408

山矾
观景月份 2月—3月
观景地点 YK415±300M

大雁顶三号观景平台

大

三角山

鹿嘴山庄

鲲鹏径终点打卡点

鲲鹏径二十段720度VR全景

二十

行走笔记：

写给未来深圳的一封信

未来的深圳：

你好啊，见字如面。

你放心，我们会留住荒野，让每一个深圳人都能尽情感受自然的生命；我们会留住原始海岸，让每一个深圳人都能看到磅礴的日出；我们会留住清澈的天空，让每一个深圳人都能仰望闪烁的繁星。

或许世界瞬息万变，但未来的深圳，请你放心，我们会好好善待此刻的你。我们懂得，真正的乡愁不在玻璃幕墙，而在星光洒下的森林里，在羊蹄甲落满的山径里，在豹猫出没的廊桥里。

未来的深圳，你放心，我们会珍惜每一寸土地，我们也会在一往无前的时间中相遇。

此刻的深圳人

2025年8月26日

△
徒步者沿着崎岖小径前行，一旁“鲲鹏径终点”的木牌格外醒目，旁边指示牌展示着区域地图，标志着一段充满挑战与美景的徒步之旅在此暂告段落

沿途印记:

山海终章，永恒的日出

△
置身岗松“森林”的徒步者

当徒步者的脚步，踏上鲲鹏径二十段，这场纵贯深圳200多千米的山海连城史诗，终于在火山岩的缝隙迎来了惊心动魄的终章。从东涌社区到大雁顶，这段旅程以陡峭的攀升、火山遗迹与永恒的日出，为整条绵延的路径，绘就绚烂的诗篇。起点处的登山口像一道谜语：岗松灌木丛在海风中翻涌成绿色浪涛，台阶近乎垂直地切入山体。三角山的陡坡不给予任何迂回的余地，徒步者必须与自己的喘息声对话——直到登顶那一刻。

△
站在巨石之上的徒步者

在317米的台阶之上，三角山观景台如画布边缘，大亚湾就像液态蓝宝石一般映入眼帘。快艇在湛蓝海面拖拽着银线，6千米外的三门岛化作巨龟，静卧于海涛之上。岗松散发的香气，与海风的咸涩相互缠绕，仿佛是大地与海洋共同酿造的庆功酒。山风微凉，拾起老登山客的话语：“三角山是鲲鹏径最后的考官——若你在此处腿未颤、心未乱，便配得上终点的加冕。”

▽
云雾中的登山者

在三角山与大雁顶之间的大地上，埋藏着一段被封存的火山秘史。鹿雁科考线上，赭红色火山岩与灰白色珍珠岩交错层叠。岩壁上，凝固的熔岩流纹，依然保持着7000万年前的炽热姿态，让人仿佛能感受到那股汹涌澎湃的力量。

地质学家甚至能从中读出古火山的心跳和呼吸，而徒步者俯身将岩缝中的石英晶体拾起，这是地心尚未给天空寄出的情书，只等着7000年后穿越鲲鹏径的我们来拆封。

▽
鹿嘴山庄日出

真正终章的荣耀属于鹿嘴山庄——深圳每天的第一缕阳光，永远从这里开始刺破海平面。当晨光依稀，站在三面环海的岬角上，能听见两种古老的共鸣：一种是潮汐进退的节拍，另一种是火山岩冷却后依然跳动的地热脉搏。

破晓时刻，芒草在曙光中折射着黎明，海蚀洞也正在酝酿着晨曦。那些经验丰富的徒步者，总会在此静坐，静候群星渐隐，看朝阳从三门岛跃起，刺破黑暗，迎来黎明。这一刹那，鲲鹏径二十段所有艰辛都获得了解答：山海从未被征服，它只是借徒步者的眼睛，重新临摹自己。

我们归程的行囊里，早已装满了大雁顶火山岩炽热的温度，装满了鹿嘴滩浪花的旋律，装满了岗松林的香气。

或许某块火山岩里，藏着整条鲲鹏径的终极意义：虽然我们用 200 多千米的足迹串联起深圳的山川湖海，但我们并非自然的主宰，甚至连过客也算不上，而只是永恒叙事中一个小小的逗点，仅此而已。

此刻，大鹏半岛的云雾永远在山海间往返，如同天地间的呼吸，每一个穿越鲲鹏径的行者，都成了连接城市与荒野的活体桥梁。

此刻，回望那 200 多千米的起伏，它已不再是地图上的虚线，而早已化作深圳人精神领地上持续生长的绿荫。

此刻，我们的每一次呼吸，都与整个世界同频。我们那沾满泥土的脚底和手掌，正是热爱这个城市、这个世界最好的证据。

心灵自由，原野无界。我们终于懂得：真正的出发，是让心灵放归原野；真正的抵达，是让原野住进心灵。

▷
鲲鹏径二十段曲折蜿蜒的登山路

鲲鹏视界：

古火山口托起的山海无界之眼

站在海拔 801 米的古火山口，大雁顶仿佛悬浮在天地之间，成为多姿多彩的观景点。上亿年前喷发的岩浆早已凝固成观景台的基座。如今，山矾花雨、潮汐节奏与云雾流岚，共同在这片土地描绘着壮丽的自然画卷。

大雁顶的岩层见证了古火山的过往，赭红色的安山岩嵌着珍珠岩，那是地心最后一次叹息的结晶。而春日的山矾树，似乎以另一种炽烈覆盖了远古火山的炽热——当四月海风轻拂，千万朵白花从枝头集体飘落，像一场温柔又热烈的雪崩，将火山口装点成云端一般。

北面的大辣甲岛如一块碧玉，随着潮汐浮沉；南面的羊头秃山静静伫立，如老者垂钓；东面的云雾深处，鹿嘴山庄在海浪中若隐若现。当夕阳缓缓沉入海面，整个大鹏半岛被暮色染成琥珀，让人顿悟何谓“山海无界”。

当你登高时，附近矮的山便沉下去了，倒伏进了大地的怀抱，而远处的山则升起来了。真正的伟大卓然显现。这是手持权杖的祭司们，这是大地波浪的浪峰。靠着这些山，我们逐渐离开大地，逐渐离开贫瘠的真实人世……

——梭罗

▷
大雁顶海拔 801 米，是鲲鹏径的终点，登顶途中可以俯瞰大亚湾、大鹏湾、香港西贡海域和大鹏半岛延绵的山岭

链接步道:

七娘山鹿雁科考线

在火山之巅
见证生命律动

作为大鹏半岛的地质瑰宝，七娘山鹿雁科考线犹如一条悠长的山脉掌纹，串联起1亿多年前火山活动的遗迹与当代生态系统的鲜活样本。从鹿嘴山庄出发，沿着鹿雁科考线到达大雁顶，全程大约3.9千米，以陡峭石阶为主，穿插平缓路段，沿途裸露的流纹岩、火山碎屑岩及六棱柱状节理群，构成研究中生代火山地貌的天然实验室。

在科学价值之外，山脊线更成为生命适应极端环境的实证窗口，山脊线上天气恶劣、土壤贫瘠，但依然有地衣在岩石上“涂鸦”，有华南龙胆在灌草丛中开出“蓝色星星”，有蛇雕在天空盘旋起舞。

KUN PE

鲲鹏径

200多千米

鲲鹏径上的

深圳浪漫地理发现

NG
TRAIL

深圳浪漫地理的探索与发现

Exploration and Discovery of Romantic Geography in Shenzhen

一条路，如何承载一座城的诗意？

我们常说，深圳山海连城。

山、海、城常有，但如何"连"，则考验着城市的智慧，甚至想象力。

200多千米长的鲲鹏径，从西向东，从起点飞云顶，到终点大雁顶，就如此大张大合，穿越山岭、森林、湿地、湖泊、溪涧、海岸，将深圳多个区丝滑串联。

仅仅是区域的连接吗？远远不止。

这条路串联的，还有动物的廊桥、林间的鸟鸣、古村的青瓦、梧桐的烟云、黄昏的交响、山间的飞瀑、木荷的清香、七千年的陶片、不知疲倦的海，以及你我的脚印。

这分明，是一场关于深圳浪漫地理的探索与发现！而自由行走的你我，始终是这条路上不可或缺的风景。

从飞云顶到大雁顶，在鲲鹏径，拥有遇见这座城市的千万种可能。

或许，重要的永远不是起终点，也不是从哪出发，而是此刻已经出发。

因为只要出发，总能到达你的远方！

参考文献

[1] 黄镇国，李平日，张仲英等 . 深圳地貌 [M]. 广州：广东科技出版社 ,1983.

[2] 广州地理研究所 . 深圳市自然资源与经济开发图集 [M]. 北京：科学出版社 ,1985.

[3] 深圳市观鸟协会 , 深圳市野生动植物保护管理处 . 深圳野生鸟类 [M]. 成都：四川大学出版社 , 2009.

[4] 深圳市人民政府城市管理办公室 , 深圳市仙湖植物园 , 深圳市城市管理科学研究所 . 深圳特区古树名木 [M]. 北京：中国林业出版社 ,1997.

[5] 邢福武等 . 深圳市七娘山郊野公园植物资源与保护 [M]. 北京：中国林业出版社 ,2004.

[6] 深圳全记录编纂委员会 . 深圳全记录 [M]. 深圳：海天出版社 ,2000.

[7] 深圳博物馆 . 深圳古代简史 [M]. 北京：文物出版社 ,1997.

[8] 深圳博物馆 . 深圳近代简史 [M]. 北京：文物出版社 ,1997.

[9] 宝安县地方志编纂委员会 . 宝安县志 [M]. 广州：广东人民出版社 ,1997.

[10] 张宏达 , 陈桂珠 , 刘治平 , 等 . 深圳福田红树林湿地生态系统研究 [M]. 广州：广东科技出版社 , 1998.

[11] 张鹏 . 猴、猿、人——思考人性的起源 [M]. 广州：中山大学出版社 ,2012.

[12] 饶戈 . 香港昆虫图鉴 [M]. 香港：野外外向有限公司 ,2006.

[13] 罗益奎 , 许永亮 . 郊野情报蝴蝶篇 [M]. 香港：天地图书有限公司 ,2004.

[14] 香港观鸟会 . 香港观鸟全图鉴 [M]. 香港：香港万里机构 ,2020.

[15] 杜德俊 , 高力行 . 香港生态情报 [M]. 香港：三联书店（香港）有限公司 ,2004.

[16] 石仲堂 . 香港陆上哺乳动物图鉴 [M]. 香港：天地图书有限公司 ,2006.

[17] 香港渔农自然护理署 . 郊野树踪 [M]. 香港：天地图书有限公司 ,2012.

[18] 香港地质公园 . 新香港地理 [M]. 香港：天地图书有限公司 ,2010.

[19] 侯智恒 . 香港野外图鉴 3：山坡 [M]. 香港：万里机构出版有限公司 ,2003.

[20] 杜铭章 . 蛇类大惊奇 [M]. 台北：远流出版公司 ,2004.

[21] 陈文山 . 岩石入门 [M]. 台北：远流出版公司 ,1997.

[22] 波洛克 . 生态——目击者百科 [M]. 蔡淑菁，译 . 台北：猫头鹰出版社 ,2006.

[23] 茂德 . 昆虫——目击者百科 [M]. 王绍婷，译 . 台北：猫头鹰出版社 ,2006.
[24] 周文能 , 张东柱 . 野菇图鉴 [M]. 台北：远流出版公司 ,2005.
[25] 田中达也 . 云图鉴 [M]. 黄郁婷，译 . 台中：晨星出版社 ,2008.
[26] 科瓦奇 . 科瓦奇讲植物 [M]. 新竹人智学会，译 . 贵阳：贵州教育出版社 ,2013.
[27] 弗里克 . 星空观察与四季的星座 [M]. 李旭，译 . 台北：汉升书屋 ,1998.
[28]PETERSON R T, PETERSON V M. Audubon's birds of America[M].New York:Abbeville Press Publishers,1990.
[29] 威尔逊 . 缤纷的生命 [M]. 金恒镳，译 . 北京：中信出版集团 ,2016.
[30] 程虹 . 美国自然文学三十讲 [M]. 北京：外语教学与研究出版社 ,2013.
[31] 杜德俊 . 香港野外图鉴 2：山涧 [M]. 香港：万里机构出版有限公司 ,2003.
[32] 哈斯凯尔 . 看不见的森林：林中自然笔记 [M]. 熊姣，译 . 北京：商务印书馆 ,2014.
[33] 鲍尔 . 图案密码：大自然的艺术与科学 [M]. 谢孟宗，译 . 北京：电子工业出版社 ,2017.
[34] 曼库索 , 维欧拉 . 植物比你想的聪明：植物智能的探索之旅 [M]. 谢孟宗，译 . 台北：商周出版社 ,2016.
[35] 汉森 . 羽毛：自然演化中的奇迹 [M]. 赵敏，冯骐，译 . 北京：商务印书馆 ,2017.
[36] 朱尼珀 . 大自然为我们做了些什么 [M]. 晏向阳，译 . 重庆：重庆大学出版社 ,2014.
[37] 伯恩斯 . 野生动物的性生活 [M]. 韩家权等，译 . 桂林：漓江出版社 ,1991.
[38] 叶灵凤 . 香港方物志（彩图版）[M]. 香港：香港中和出版有限公司 ,2017.
[39] 科尔伯特 . 大灭绝时代 [M]. 叶盛，译 . 上海：上海译文出版社 ,2015.
[40] 詹见平 . 溪流：120 种溪流生物的奥秘 [M]. 新北：人人出版股份有限公司 ,2015.
[41] 古尔德 J L, 古尔德 C G. 动物是天才建筑师：探索动物智慧的演化之奇 [M]. 黄薇菁，译 . 台北：商周出版社 ,2009.
[42] 阿克曼 . 鸟类的天赋 [M]. 沈汉忠，李思琪，译 . 南京：译林出版社 ,2019.
[43] 深圳职业技术学院植物保护研究中心 . 深圳蝴蝶图鉴 [M]. 北京：科学出版社 ,2019.
[44] 张力 , 左勤 , 洪宝莹 . 植物王国的小矮人——苔藓植物：汉、英 [M]. 广州：广东科技出版社 , 2015.
[45] 深圳市城市管理局 , 深圳市林业局 . 草木深圳：郊野篇 [M]. 深圳：海天出版社 ,2017.
[46] 黄玉源 , 招康赛，杨立君 , 等 . 深圳山地植物群落结构与植物多样性 [M]. 北京：科学出版社 , 2017.
[47] 凡强，刘海军，刘蔚秋，等 . 深圳市田头山自然保护区动植物资源考察及保护规划 [M]. 北京：中国林业出版社 ,2017.
[48] 蓝崇钰，王勇军 . 广东内伶仃岛自然资源与生态研究 [M]. 北京：中国林业出版社 ,2001.
[49] 昝启杰，谭凤仪等 . 华侨城湿地生态修复示范与评估 [M]. 北京：海洋出版社 ,2016.
[50] 蔡立哲 . 深圳湾底栖动物生态学 [M]. 厦门：厦门大学出版社 ,2015.
[51] 蒋荣耀，南兆旭 . 岁月山河：百年深圳历史影像纪 [M]. 深圳：海天出版社 ,2019.
[52] 廖文波，郭强，刘海军 , 等 . 深圳市国家珍稀濒危重点保护野生植物 [M]. 北京：科学出版社 ,

2018.
[53] 汪松，解焱．中国物种红色名录：第三卷·无脊椎动物 [M]. 北京：高等教育出版社，2005.
[54] 深圳市规划和自然资源局．深圳市地图集 [M]. 北京：中国地图出版社，2020.
[55] 南兆旭．深圳自然博物百科 [M]. 深圳：海天出版社，2022.
[56]《这里是深圳》编委会．这里是深圳 [M]. 深圳：深圳出版社，2024.
[57] 深圳市规划和自然资源局南山管理局．深圳市南山区地名志 [M]. 深圳：深圳出版社，2024.
[58] 深圳市城市管理局，深圳市林业局．草木深圳 [M]. 深圳：海天出版社，2017.
[59]"美丽深圳"丛书编委会．深圳远足径 [M]. 深圳：深圳出版社，2024.
[60] 桑德斯．落脚城市 [M]. 陈信宏，译．上海：上海译文出版社，2012.
[61] 黄宇轩．城市散步学 [M]. 香港：突破出版社，2023.
[62] 麦克法伦．古道 [M]. 杭海，译．海南：南海出版公司，2024.
[63] 段义孚．浪漫地理学 [M]. 陆小璇，译．南京：译林印书馆，2024.
[64] 深圳市文化广电旅游体育局．徒步深圳 [M]. 深圳：深圳报业集团出版社，2023.
[65] 梁永健．生态悠悠行 [M]. 香港：花千树出版有限公司，2018.
[66] 邱益彰 @ 道路研究社．香港道路探索——路牌标识 X 交通设计（增订本）[M]. 香港：非凡出版，2021.
[67] 徐铭谦．像山一样思考：寻找梦幻步道的旅程 [M]. 北京：北京出版社，2016.
[68] 台湾千里步道协会．手作步道 [M]. 台北：果力文化出版，2016.
[69] 深圳市史志办公室．深圳村落概览 [M]. 广州：华南理工大学出版社，2020.
[70] 深圳市规划和自然资源局．深圳市标准地名词典 [M]. 深圳：海天出版社，2020.
[71] 深圳市规划和自然资源局．深圳市地名志 [M]. 深圳：海天出版社，2020.
[72] 程建．深圳风物志·第二辑·地名密码卷 [M]. 深圳：海天出版社，2020.
[73] 深圳市规划和自然资源局．深圳国土空间总体规划 (2020—2035 年)(草案)[Z]. 深圳：深圳市规划和自然资源局，2021.
[74] 深圳市生态环境局．深圳市生物多样性白皮书 [R]. 深圳：深圳市生态环境局，2021.
[75] 深圳市规划和自然资源局．深圳市自然保护地现状调查与发展策略（征求意见稿）[Z]. 深圳：深圳市规划和自然资源局，2020.
[76] 王炳．深圳海洋生物图集 [Z]. 深圳：大鹏新区珊瑚保育志愿联合会，2021.
[77] 市决策咨询委员会先行示范区生态组．关于加强大树保护与培育的建议 [Z]. 深圳：市决策咨询委员会先行示范区生态组，2021.
[78] 钟保磷，张小丽，梁碧玲．近 50 年深圳气候特点 [J]. 广东气象，2002,(S1):11-14.
[79] 余日东．黑脸琵鹭全球同步普查 2020[R]. 香港：香港观鸟会，2020.
[80] 蒋露．深圳植物区系研究 [D]. 广州市：华南农业大学，2008.
[81] 李锋，陶青，陈柏承，等．广东深圳梧桐山国家森林公园哺乳动物物种资源调查 [J]. 广东农业科学，2014(3):140-144.
[82] 潘云云，张寿洲，王晓明，等．深圳地区野生兰科植物资源及其区系特征 [J]. 亚热带植物科

学 ,2015,44(2):116-122.
[83] 严智勇 . 深圳市大气环境质量现状及影响因素分析 [J]. 广东化工 ,2014,41(13):203-204.
[84] 代迪尔 . 深圳市流动人口现状与趋势研究 [J]. 现代商贸工业 ,2016,37(32):17-18.
[85] 张礼标 , 郭强 , 刘奇 , 等 . 深圳兽类物种资源调查及其影响因素分析 [J]. 兽类学报 ,2017,37(3): 256-265.
[86] 喻本德 , 叶有华 , 郭微 , 等 . 生态保护红线分区建设模式研究——以广东大鹏半岛为例 [J]. 生态环境学报 ,2014,23(6):962-971.
[87] 江燕琼 , 唐思贤 , 丁志锋 , 等 . 棕背伯劳羽色多态现象探讨 [J]. 动物学研究 ,2008,(1):99-102.
[88] 单之蔷 . 风水 : 中国人内心深处的秘密 [J]. 青年博览 ,2006,(5):40-41.
[89] 姜仕仁 , 丁平 , 诸葛阳 , 等 . 白头鹎繁殖期鸣声行为的研究 [J]. 动物学报 ,1996,(3):253-259.
[90] 叶嘉 , 焦云红 , 城市植被生态建设中野草的价值 [J]. 杂草科学 ,2006,(04):11-13.
[91] 刘红卫 , 林志凌 , 苏华轲 , 等 . 广东省外来物种入侵现状及其生态环境影响调查 [J]. 生态环境 , 2004,13(2):194-196.
[92] 陶青 , 唐跃琳 , 陈永锋 , 等 . 广东梧桐山国家级风景名胜区鸟类多样性研究 [J]. 林业资源管理 , 2015,(4):115-123.
[93] 徐源 , 秦元 . 空间资源紧约束条件下的创新之路——深圳市基本生态控制线实践与探索 [C]. 2008 中国城市规划年会论文集 ,2008.
[94] 刘莎 , 吕召云 , 高欢欢 , 等 . 昆虫飞行能力研究进展 [J]. 环境昆虫学报 ,2018,40(5):995 - 1002.
[95] 章士美 , 邢健生 , 胡文萍 , 等 . 六种多食性昆虫食性的比较观察 [J]. 昆虫学报 ,1956,6(1):107-122.
[96] 王彦平 . 鸟类对城市化的适应性研究 [D]. 杭州 : 浙江大学 ,2003.
[97] 张波 . 鸟类沙浴行为研究 [J]. 同行 ,2016(13):330-331.
[98] 陈桂珠 , 王勇军 , 黄乔兰 . 深圳福田红树林鸟类自然保护区生物多样性及其保护研究 [J]. 生物多样性 ,1997,5(2):25-32.
[99] 廖科 . 深圳市城市森林建设现状评价及生态规划研究 [D]. 长沙 : 中南林业科技大学 ,2006.
[100] 申皓月 , 梅立永 , 毛子龙 , 等 . 深圳市典型森林生态系统的碳密度和碳循环研究 [C].2016 中国环境科学学会学术年会论文集 (第一卷),2016:417-423.
[101] 深圳市城市管理和综合执法局 . 深圳市田头山市级自然保护区总体规划 (2014—2024)[R]. 深圳 : 深圳市城市管理和综合执法局 ,2015.
[102] 邵志芳 , 赵厚本 , 邱少松 , 等 . 深圳市主要外来入侵植物调查及治理状况 [J]. 生态环境 ,2006, 15(3):587-593.
[103] 田兴山 , 岳茂峰 , 冯莉 , 等 . 外来入侵杂草白花鬼针草的特征特性 [J]. 江苏农业科学 ,2010, (5):174-175.
[104] 周瑶伟 , 孙红斌 , 郭强 , 等 . 危害深圳林业的外来入侵物种及其防治 [C]. 全国林业有害植物防控研讨会论文集 ,2009.
[105] 禹海鑫 , 叶文丰 , 孙民琴 , 等 . 植物与植食性昆虫防御与反防御的三个层次 [J]. 生态学杂志 ,

2015,34(1):256-262.
[106] 王丕烈，韩家波．中国水域中华白海豚种群分布现状与保护 [J]. 海洋环境科学，2007,(5): 484-487.
[107] 王浩．我国森林公园与自然保护区的关系研究 [J]. 花卉，2017,(10):41-42.
[108] 胡冬香．论公园的生态功能 [J]. 湖南农业大学学报（社会科学版）,2006,(4):97-100.
[109] 易敏，沈守云．浅析生态原则在城市景观设计中的运用 [J]. 大众科技，2006,(6):1-2.
[110] 祝自东．生态思想在城市景观设计中的应用和体现 [J]. 北京农业，2011,(6):209-210.
[111] 张国瑞，晁晨，万晓华．郊野公园建设对城市绿地景观系统构建与生态恢复的理论研究 [J]. 装饰装修天地，2017,(10):145-145.
[112] 李婷婷．郊野公园评价指标体系的研究 [D]. 上海：上海交通大学，2010.
[113] 魏钰，雷光春．从生物群落到生态系统综合保护：国家公园生态系统完整性保护的理论演变 [J]. 自然资源学报，2019.34(9):1820-1832.
[114] 深圳市人民政府．深圳市基本生态控制线管理规定 [Z]. 深圳：深圳市人民政府，2005.
[115] 深圳市人民政府．深圳市基本生态控制线管理规定 (2013 年修订)[Z]. 深圳：深圳市人民政府，2013.
[116] 深圳市推进中国特色社会主义先行示范区建设领导小组．深圳率先打造美丽中国典范规划纲要 (2020—2035 年)[Z]. 深圳：深圳市推进中国特色社会主义先行示范区建设领导小组，2021.

图片提供

吕牧华 刘美娇 龚嘉君 曾跃鹏 张汉超 杨一飞 焦 耳 沙 磊 黄 秦
陈楚珊 黄 雯 于曼纳 陈钰清 闫睿丽 彭 玲 陈丽婷 周小兜 张可韵
黄韵菲 罗亚琴 刘伟权 龙海平 小绵羊 钟 健 卡夫卡 叶子藤 邱珊珊
林伟斌 张冬茜 赵 君 陈炎浩 周忠孝 宁杰文 王 威 苏晓祝 柳叶刀
王 彪 田穗兴 申一霖 吴 伟 沈汝铭 余程洲 刘海东 白金瑞 温仕良
吴绍泉 糖 衣 钟炽平 张 彤 陈炎浩 王晓云 陈 豪 董卓雄 王志祥
唐海圳 沐 羽 林日波 陆千乐 李 成 黄 超 吴健梅 郭凯敏 钟子杰
王 炳 金龟老潘 定格深圳 逃跑男孩 纸质青年 小叶同学 坪山发布

鸣谢单位（排名不分先后）

深圳市规划和自然资源局
深圳市规划国土发展研究中心
深圳市生态环境局
深圳市水务局
深圳市公园管理中心
深圳博物馆
深圳市天文台
深圳市野生动植物保护管理处
深圳市仙湖植物园
深圳市梧桐山风景区管理处
福田区城市管理和综合执法局
罗湖区城市管理和综合执法局
盐田区城市管理和综合执法局
南山区城市管理和综合执法局
宝安区城市管理和综合执法局
龙岗区城市管理和综合执法局
龙华区城市管理和综合执法局
坪山区城市管理和综合执法局
光明区城市管理和综合执法局
大鹏新区城市管理和综合执法局
深圳市城市规划设计研究院
深圳市登山户外运动协会
深圳市铭基金公益基金会
深圳市越众文化传播有限公司

“美丽深圳”丛书编写指导委员会

单　　位　深圳市城市管理和综合执法局

总 策 划　张国宏

顾　　问　杨　雷　黄立新　冯增军　杨立群　汪　斌　周　超　吴江天

《鲲鹏径——深圳浪漫地理的探索与发现》编写委员会

单　　位　深圳市城管宣教和发展研究中心

主　　编　金　红

副 主 编　林崇钧　刘荣杰

编　　务　张玉洁　何振中

编　　委　郭　倩　南一方　温　洁　罗　怡　杨维欣　孙潇潇　张　茜　刘睿佳　唐洪燕　黄曼琪　杨　涛　张韵奇　廖娜娜　郑佳诚　陈梦迪　李　栋　何　瑞　刘迎宾　雷东风　廖广均　陈其楷　欧阳樟文

作　　者　南兆旭　蔡　漫　钟旭辉

全文审读　龚嘉君　罗　燕　张　睿　陈冰心　张　浩

设　　计　胡玉林　裴　青　潘　哲

美　　编　陈志伟

摄　　影　彭　欣　朱明亮　谭　豪　李亦昊

影　　像　钱　瑜　曲　赟　殷秀明　易　进　柴　林　张林康　唐建帅　沈晓鸣　张　韬　张睿娇　彭炜君

承　　制　深圳市方向生态发展有限公司

图书在版编目（CIP）数据

鲲鹏径 ：深圳浪漫地理的探索与发现 / 南兆旭，蔡漫著. -- 深圳 ：深圳出版社，2025. 9. -- ISBN 978-7-5507-4320-5

Ⅰ. P942.653-49

中国国家版本馆CIP数据核字第2025L7D699号

鲲鹏径——深圳浪漫地理的探索与发现

KUNPENGJING SHENZHEN LANGMAN DILI DE TANSUO YU FAXIAN

责任编辑 曾韬荔
责任技编 梁立新
责任校对 黄 腾
装帧设计 方向生态

出版发行 深圳出版社
地　　址 深圳市彩田南路海天综合大厦（518033）
网　　址 www.htph.com.cn
订购电话 0755-83460239（邮购、团购）
设计制作 深圳市方向生态发展有限公司
印　　刷 深圳市华信图文印务有限公司
开　　本 889mm × 1194mm 1/32
印　　张 11.375
字　　数 320 千
版　　次 2025 年 9 月第 1 版
印　　次 2025 年 9 月第 1 次
定　　价 88.00 元
